서른, 여자,
혼자 떠나는 유럽

서른, 여자,
혼자 떠나는 유럽

초판 1쇄 발행 2011년 10월 27일
초판 2쇄 발행 2012년 2월 1일

지은이 | 유경숙
펴낸이 | 김찬희
펴낸곳 | 끌리는책
출판등록 신고 번호 제 25100-2011-000073호

주소 서울시 구로구 오류동 109-1 재도빌딩 206호
전화 영업부 (02)335-6936 편집부 (02)2060-5821
팩스 (02)335-0550
happybook@paran.com

ISBN 978-89-90856-39-5   13980

값 14,000원

서른, 여자,
혼자 떠나는 유럽

유경숙(축제 기획자) 글 · 사진

끌리는책

여행은 내 인생의 축제다!

유럽일주, 처음엔 가지 않으려고 했습니다. 2007년 1년간의 세계일주를 다녀온 후, 또다시 그런 힘겨운 고생을 사서 하고 싶지 않았습니다. 밤늦은 시간, 동유럽의 어두운 골목길을 지나면서 잔뜩 겁에 질렸으면서도 내 우는 소리를 듣고 나쁜 사람이 나타날까봐 소리내어 울지도 못하던 그 지긋지긋한 고생을 또다시 하고 싶지 않았습니다.

2008년 12월 16일, 애초에 해외의 축제와 공연 콘텐츠를 조사하겠다고 시작된 세계일주였고 그 부족한 부분을 보완하기 위해 한 번 더 유럽일주를 가야 한다는 필요성은 내심 알고 있었지만, 힘겨웠던 기억 때문에 추위를 핑계로 하루이틀 출발을 미루고 있던 평범한 어느 아침이었습니다. 부산스럽게 호들갑을 떨며 공연계 지인으로부터 연락이 왔습니다. 탤런트이자 연극 연출가였던 박광정 씨가 지난밤 폐암으로 세상을 떠났다는 소식이었습니다.

순간, 망치로 머리를 맞은 듯했습니다. 고인과 나는 같은 공연예술계에 발을 담그고 있다는 점 이외에 특별한 사적 친분이 있던 것도 아니었는데 이상하게 온몸에 전율이 흐르고 흥분된 마음에 몸을 움직일 수가 없었습니다. 뭐라고 표현하긴 어렵지만, 제 몸 속에 얼음보다 차가운 물이 서서히 차오르는 느낌이었습니다. 그렇게 아침햇살이 수직으로 꽂힐 때까지 뒷집

안마당의 앙상한 나뭇가지를 멍하니 바라보고 서 있었던 기억이 납니다.

그제서야 '내 인생에 남겨진 절반, 아니 그 이상 또는 그 이하가 될지도 모를 시간'을 결코 헛되이 보내지 않으리라던 지난 세계일주 때의 맹세와 각오가 다시금 떠올랐습니다. 고작 1년의 고생이 두렵다며 꼭 필요한 일을 실행하는 데 바보처럼 머뭇머뭇 뒷걸음질치던 어리석은 내 모습이 한순간에 깨졌습니다. 그렇게 저는 또다시 전쟁 같은 긴 유럽일주를 시작하게 되었습니다.

그래서 세계일주에 이은 저의 두 번째 유럽일주는 어땠냐구요? 단언컨대 저는 이제야 비로소 제게 주어진 '인생'이라는 시간의 진정한 주인이 된 것 같습니다. 내게 주어진 '인생'이라는 하얀 도화지가 노력할수록, 도전할수록, 꿈꿀수록, 얼마나 아름답게 채워질 수 있는지 그 '기막힌 맛'을 조금은 알게 되었습니다. 긴 여행이 가르쳐주더군요. 우리가 원하는 무엇이든 도전해볼 수 있도록 생겨먹은 인생이라는 시스템이 정말 마음에 듭니다. 뭐 그렇다고 저에게 매일 기쁜 일만 생긴다거나 웃을 일만 넘친다는 뜻은 아닙니다. 우리 삶의 희로애락이 고스란히 묻어나는 '축제'처럼 인생의 기쁨과 노여움, 슬픔, 즐거움, 어떤 역경이 찾아와도 기꺼이 맞짱 뜰 용기, 배짱 같은 게 생겼다는 의미입니다. 그래서 지금은 제 인생이 꼭 축제 같습니다(여행은 인생을 가장 비슷하게 맛볼 수 있는 절호의 기회이고 말이죠).

조금 쑥스럽기도 하지만, 그래서 기꺼이 저의 경험을 여러분과 나누려

5

고 합니다. 저처럼 긴 여행을 꿈꾸는 후배들에게 해주고 싶었던 말, 고마웠던 인연들과의 추억, 우연히 찾아왔던 소중한 만남, 유럽이라는 세상에서 사는 사람들의 이야기 같은, 여행 중에 느꼈던 유럽의 숨은 이야기를 솔직하게 들려주고 싶었습니다. 얼마 전 나온 《유럽축제사전》은 '축제'만 말하기에도 빠듯했기 때문에 진짜 유럽의 숨은 이야기는 이 책에 온전히 담았답니다. 일 얘기는 쏙 빼고 진짜 여행만 말이죠.

이 책의 제목도 사연이 많습니다. 축제 기획자라는 다소 특이한 직업의 30대 여자의 입장에서 바라본 유럽을 담고 싶어 '여자의 유럽'이라는 추상적인 가제를 가지고 1년 동안 책을 썼습니다. 그리고 지금의 출판사 편집자를 만나 다시금 지난 추억을 되새기다보니 "서른, 여자, 혼자 떠나는 유럽"이라는 멋진 책 제목을 얻게 되었습니다. 마치 그녀가 제게 최면을 건 것처럼 술술 지난 이야기를 풀어놨는데, 이 모든 유럽 이야기의 키워드가 그대로 제목이 된 것이죠. 저는 이 책을 만나는 독자들도 제가 느꼈던 유럽을 똑같이 경험해볼 수 있다면 기쁠 것 같습니다. 부끄럽지만 저는 지금도 몇몇 대목에서 아이처럼 눈물 흘리고 코를 풀어가며 책장을 넘기곤 하는데 독자 여러분도 꼭 그 감동을 느낄 수 있으면 좋겠습니다.

끝으로 유럽일주 중에 자신의 진로와 해외시장을 궁금해하며 격려의 메일을 보내주던 한국의 어린 후배들에게 진심으로 감사의 말씀을 전합니다. 몇몇 학생들에게는 성의껏 회신을 보냈지만, 대부분은 상황이 여의치 않아 답해주지 못한 경우가 많았습니다. 진심으로 미안하고 감사드립니다. 대신 지금은 한국에 와 있으니 미리 연락하고 찾아오세요. 부족하지만 성의껏 함께 고민해드리겠습니다. 고맙습니다.

다시 한 번 여행을 꿈꾸는 모든 독자들과 지인들, 그리고 1년간 수고했던 저 자신에게 감사를 드립니다.

2011년 10월
유경숙

contents

contents

The Man 쉿~ 유럽의 남자 이야기

Living 유럽에서 살아보기

Information 전략이 남다르면 여행은 특별해진다

특이한 인연으로 스페인 경찰서에서 만난 우성이가 선물로 준 사진

10

제가 누구냐구요?

저는 아무도 아닙니다.
인간의 몸을 빌어 잠시 다녀가는 연기 같은 존재.
길고 긴 여행이 가르쳐주더군요.
이름조차 부질없죠.

이 사실을 인정하던 순간, 너무 많은 것들이 제게 왔습니다.
놀라운 시간들을 경험했죠.
(오랜 투병 끝에 새로운 인생을 살게 된 환자처럼 제게도 '아름다운 인생'이 더욱
절실해졌습니다.)

제게도 곧 돌아갈 시간이 올 겁니다.
우리에게 남은 절반의 인생이 마저 사라지는 순간이 오겠지요.

사람들은 한치 앞을 알 수 없어 불안하다지만,
아무래도 거꾸로 같습니다.
너무도 정직한 세상인 걸요.

이제 제게는 지나온 과거보다 미래가 더 잘 보입니다.

라트비아 리가에서 유경숙 씀

Travel

떠나는 자만이 만나는 길 위의 축제

유레일패스에서
한 걸음만 더 나가라

동유럽 하면 무엇이 먼저 떠오를까? 삭막하고 매서운 사회주의의 흔적, 가난하고 우수에 찬 동유럽의 아티스트? 내겐 가장 먼저 옥수수밭 냄새가 떠오른다. 가도 가도 끝이 없는 옥수수 초록바다를 넘실넘실 타고 으는 시원한 동유럽의 내음.

　　4월 중순, 4개월에 걸쳐 폴란드에서 발틱 3국을 지나 러시아 상트페테르부르크, 모스크바, 우크라이나, 루마니아를 거쳐 터키 이스탄불까지 수직으로 내려가는 중이다. 칼처럼 매섭다는 동유럽의 봄바람도 남쪽을 향해 곧장 달리는 데는 어쩔 도리가 없나보다. 몇 시간 차이로 온도가 확연히 달라지는 신비한 기상 체험을 기차 안에서만 몇 차례 반복했다. 기차라기보다는 거대한 쇳덩이 안 이 등석 침대칸까지 동유럽의 싱싱한 옥수수향 바람이 분다. 창밖으론 아직 열매 없이 키만 멀대같이 커버린 옥수수 줄기들이 조회시간에 서서 조는 아이들처럼 일제히 고개를 숙이고 서 있다.

　　언제부턴가 나는 기차의 이동시간, 무대공연으로 치면 러닝타

우크라이나, 루마니아를 거쳐 불가리아 국경의 작은 도시 루세까지 달리는
기차 안에서 실컷 옥수수 바람을 맞다가 바라본 창밖 풍경."이게 웬 꽃밭~?"

임을 묻지 않는 습관이 생겼다. 얼마나 달려야 목적지에 도착하는지 묻지 않는다. 잠을 자고 식사를 하고 또다시 잠을 자도 끝이 보이지 않는 어마어마한 대륙의 힘 앞에선 어쩔 도리가 없다는 걸 여행자의 감각으로 자연스럽게 익혀버린 때문일까. 그러고 보니 서울에서 부산까지 느긋하게 달려도 기껏해야 5시간 반인데 우리나라처럼 휴게소가 촘촘히 들어서 있는 나라도 없는 것 같다. '우리나라는 도로공사가 국민의 군것질 습관을 키우는구나!' 하며 혼자 웃는다.

이내 옥수수밭 허리춤에서 길게 밀어내는 바람이 기차 안 구석구석까지 가득 들어찼다. 그 봄내음이 마음에 들어 무작정 짐을 챙겨 다음 기차역에서 내렸다. 루마니아와 불가리아 국경도시인 루세였다. 두 시간을 더 기다려 흑해 연안의 바르나로 향하는 완행열차를 골라 탔다. 불가리아의 동쪽 지방을 달리는 완행열차는 루마니아에서 타고 내려온 투박한 기차보다 더 칙칙하고 무거워 보였다. 오랫동안 군수물품을 운반하던 기차를 여객 기차로 바꿨는지 올라타는 철판 받침대부터 녹이 슬어 벌겋게 물이 들었고 높이는 꼭 다락방으로 올라가는 계단처럼 보는 것만으로도 버거웠다.

추억의 비둘기호 같은 불가리아 완행열차가 철컹거리며 움직이기 시작했다. 종착역인 바르나는 동유럽의 대표적인 휴양지이자 세계적인 발레 콩쿠르 개최지로도 잘 알려진 흑해 연안의 아름다운 항구도시인데, 특히 동유럽의 다양한 문화행사가 많이 열리기로 유명하다. 헌데 축제가 벌어지는 여름도 아닌데 왜 이걸 탔을까? 나는 바르나로 가려는 게 아니다. 그냥 이 길을 달리면 진짜 불가리아 사람들이 있는 곳으로 갈 수 있을 것 같았다. 좀 더 쉽게 말하면 정해진 대로 가기 싫었다. 동유럽 종단길에 국경도시 루세의 풍요로운 경치가 마음에 들어 무작정 왼쪽으로 길을 틀어버렸다. 지금부터 내가 가는 길이 천국의 길이요 진짜 리얼리티가 묻어나는 낙원이길 바랄 뿐이다.

불가리아어로 완행이라는 단어가 무언지 나는 모른다. 그냥 기차 생겨먹은 모양이 우리의 어릴 적 비둘기호 비슷하고 나와 함께 타고 내리는 사람들의 옷차림새며 둘러멘 짐보따리를 보고 완행임을 확신했을 뿐이다. 사람들은 언뜻 보기에도 그다지 좋지 않은 천으로 만든 옷을 단정하게 입었고 아주머니들은 유난히 화려한 무늬가 들어간 보자기로 얼굴을 감싼 이가 많았다. 오랜만에 읍내에 나오신 게 분명했다. 내가 만나고 싶었던 사람들이다.

기차는 투박한 칸막이로 여섯 좌석씩 나뉜 작은 칸이 길게 늘어서 있다. 사람들은 하나같이 친절하고 소탈했다. 웃는 모습들이 어찌나 천진난만한지 하회탈처럼 밝았다. 잠시 정차한 간이역에서 분위기 좀 잡아보려 햇살을 등지고 책을 펼치니 나뭇잎 모양의 그림자가 책장 위에서 춤을 추었다. 글자 위를 오락가락하는 그림자가 꼭 살아 움직이는 회색 인형처럼 보인다. 작은 간이역에 정차할 때마다 큰 가방을 멘 학생, 해바라기 꽃을 든 할머니, 씨앗을 사오는 듯 작고 낡은 봉투를 접어 든 할아버지, 다소 촌스러운 반짝이로 잔뜩 멋을 부린 시골 처녀까지 골고루 내 앞자리를 채웠다가 사

● 체코 프라하의 '봄 페스티벌'. 마년 5월 중순경에 열린다.
●● 얼핏 찍었는데도 내가 느낀 동유럽의 이미지가 고스란히 담겼다. 특우의 삭막하고
무표정한 얼굴들, 그러나 알고 보면 너무도 따뜻하고 정이 넘친다.

라졌다. 사람들이 바뀔 때마다 창밖으론 콩밭, 감자밭, 해바라기밭이 번갈아가며 지나간다. 기차 안 사람들은 죄다 곁눈질로 나를 쳐다보느라 바쁘고 나는 창밖에 펼쳐지는 초록바다 같은 평원을 감상하느라 여념이 없었다.

또 다른 시골 손님이 기차에 올라탔다. 머리에 보자기를 둘러쓴 할머니가 손녀를 데리고 내 옆에 앉았다. 들어올 때부터 할머니와 손녀는 이방인 냄새를 물씬 풍기는 나의 색다른 눈빛에 매료되어 쑥스러운 웃음으로 인사를 대신했다. 나를 보느라 눈깔사탕만한 눈을 사정없이 힐끗거리는 어린 손녀가 미안했던지 할머니는 손녀에게 무언가 계속 이야기했다. 내가 눈치챘다는 듯이 슬쩍 웃자 할머니는 진득한 불가리아어로 끊임없이 질문을 던졌다.

"우리 손녀가 자꾸 쳐다봐서 미안혀! 여행 왔어? 우째 이리 먼 데까지 왔누, 혼자서 왔어? 바르나 가는겨? 여기 좋지? 불가리아 정말 좋아, 너도 불가리아 좋아?"

이 중에 하나라도 알아듣기를 바라는 것처럼. 확신하건대 불가리아어 중에서도 심각한 사투리임에 틀림없었다. 할머니는 불가리아가 얼마나 아름답고 살기 좋은 곳인지, 평생 쌓은 후덕한 마음이 고스란히 담긴 고운 눈과 입으로 말했다. 나도 할머니가 묻는 대로 조목조목 대답을 해드렸다.

"할머니, 손녀 머리 할머니가 땋아줬어요? 무지 예쁘네요. 괜찮아요. 그냥 두세요. 제가 얼마나 신기하겠어요? 손녀를 어디 데려다주시는 모양이네요? 할머니 눈이 참 예뻐요. 저는 한국에서 왔어요. 한국 아세요? 아니요, 일본 말구요, 한쿡!"

이게 어찌된 영문일까. 할머니는 영어를 모르고 나는 불가리아어를 모르지만 우리는 장장 30여 분에 걸쳐 각자의 언어로 이 모든 대화를 전혀 문제 없이 나눌 수 있었다. 참 신기하게도 지난 세계일주 때부터 지금까지 말이 통하지 않는 전 세계의 사람들과 전혀 문제없이 이렇게 교감을 할 수 있었다. 신기하지만 세상을 만나는 데 언어는 그다지 중요하지 않다는 걸 또 한 번 절감한다. 할머

유럽에선 철도원조차 히피? (존재 자체가 공연이네!)

기차 하면 떠오르는 특이한 기억이 있다. 원형 경기장을 대형야외 공연장으로 탈바꿈시킨 이탈리아의 마체레타 오페라 페스티벌(매년 7월 말~8월 초)을 보고 돌아오는 길에 기차 안에서 전혀 예상하지 못한 퍼포먼스를 보게 됐다. 연극배우보다 더 재능과 끼가 넘치는 이탈리아 철도원이었다. 키가 2미터나 되는 장신에다 철도원 제복을 입은 그는 마치 근대 전쟁영화의 주인공을 보는 듯 개성이 넘쳤다. 진짜 놀랐던 건 이 철도원의 헤어스타일이다. 지중해의 바람이 기차 안으로 날아들자 철도원이 머리를 쓰다듬기 위해 잠시 모자를 벗었는데 아니, 글쎄, 히피 머리를 하고 있는 게 아닌가. 그 유명한 공작새 머리. 사진을 좀 더 잘 찍을 수 있었는데 심하게 덜컹거리는 바람에 아쉽게도 요렇게밖에 못 찍었다. 기차 화장실 앞 복도에서 참 재기있게 수다를 떨었는데!

철도원이 이렇게 멋져도 되는고얌?

21

불가리아의 동쪽 끝은 흑해와 닿아 있다.
그곳에 동유럽에서 가장 아름다운 휴양도시로 알려진 바르나가 있다.
낡고 오래된 건물의 맨 꼭대기에 올라가 도시를 내려다보니
마치 어둠 속에서 황금알이 갓 깨어난 것처럼 신비하고 경이로운 느낌이었다.

니는 내려야 할 역이 가까워오자 아예 내 손을 어루만지며 말했다.

"어이구~ 그래, 얼마나 고생이 많아. 목도리 꽁꽁 묶고 옷 뜨숫하게 입고 댕겨. 그래야 되는 거여!"

할머니는 오래도록 내 손을 놓지 않았다.

완행열차 이등칸에서 만난 사람일 뿐인데 왜 이렇게 친할머니처럼 포근한지, 플랫폼도 제대로 없는 그저 들판뿐인 불가리아의 시골역에서 할머니와 손녀는 내가 탄 기차가 사라질 때까지 손을 흔들며 떠나지 않았다. 할머니의 까슬까슬한 손에 취해버린 나는 바르나에 도착할 때까지도 할머니의 고운 눈 같은 해바라기밭에서 눈을 뗄 수가 없었다. 그제야 눈에 들어오는 불가리아의 기찻길은 제대로 관리되지 않아 심드렁한 레일 사이로 들꽃이 잔뜩 피어 있었다. 가만히 기차 옆을 함께 달리는 꽃들을 보고 있자니 꽃으로 장식된 꿈길을 날고 있는 듯한 착각이 들었다. 어쩌면 좋을까, 이 행복감을. 난 누구에게 이 행복을 전해주지.

길 위에선 시간조차 길을 잃는다는 말이 있다. 의도적으로 방향을 틀었던 내 기차 여행은 여섯 시간이 걸린, 짧지 않은 여행이었는데도 잠시도 지루할 틈이 없었다. 일반 여행자들의 코스에서 벗어난 곳이어서 그런지 더욱 현실감 넘치는 세상 밖의 세상이었다. 내가 그네들에게 신선한 타지의 바람을 가져다준 것처럼 그네들은 내게 진짜 불가리아를 선물로 보여준 게 아닐까.

한국에서 출국하기 이틀 전, 출판사에 들렀다가 우연히 개그맨 모 씨를 만났다. 그리고 다짜고짜 평소의 그분답게 금싸라기 같은 한마디를 던져줬다.

"진짜 여행? 유레일패스에서 한 걸음만 더 나가. 거기가 진짜 유럽이야."

내 경험에 비추어보아도 유럽여행에서 유레일패스를 포기하는 것은 무척 중요한 포인트다. 매번 티켓값을 확인하고 일일이 구입해야 하는 번거로움이 다르지만 결국 따지고 보면 총비용은 늘 비슷했다. 유럽 여행자의 90퍼센트 이상이 유레일패스에 의존하고 있으며 실제로 유용하지만, 어쩌면 유럽여행을 위한 유레일패스가 진짜 유럽을 가로막고 있는지도 모를 일이다. ❀

자유를 가져다준
키예프의 소매치기 씨

동유럽엔 때늦은 봄바람이 맹렬한 기세로 불고 있다. 러시아에서 루마니아연극축제와
터키국제인형극제를 보러 저가항공이라도 타고 바로 가야 했지만, 바쁜 일정을 쪼개
동유럽 육로 종단길에 올랐다.

      오늘은 4월 20일, 늦은 시각 모스크바 키예프 역으로 들어선
나를 푸른 제복의 러시아 경찰들이 눈빛만으로 베기라도 할 듯 어
둡게 바라보고 있다. 오늘은 아돌프 히틀러가 태어난 날, 일부 러시
아 민족주의자들과 스킨헤드들이 과감히 밖으로 나와 인종차별의
피를 보고야마는 그들만의 기념일이다. 이 때문에 내가 그동안 머
물렀던 모스크바 숙소에서도 여행자들은 외출을 삼가고 반강제적
인 외출금지 상태의 억울함을 삼삼오오 모여 러시아 보드카로 달
랠 준비를 하고 있었다.

      하필이면 이런 날, 나는 모스크바를 떠나는 밤기차를 타야 했
다! 그토록 오래 여행을 하면서도 이놈의 물렁물렁한 심장은 강해

질 생각도 않고 왜 이렇게 요동을 쳐대는지 기차 시간이 다가올수록 공포감이 물밀듯이 밀려왔다.

러시아의 기차역과 지하철역은 동유럽의 나라나 도시 이름을 많이 땄다. 벨라루스 역, 키예프 역, 탈린 역은 화려했던 러시아의 역사와 광활한 연방국가의 흔적이라고 한다. 내가 탈 기차도 우크라이나 수도 이름을 딴 키예프 역에서 출발해 다음날 새벽 6시에 진짜 키예프 역에 도착할 예정이었다.

우크라이나로 가는 동안, 한밤중 국경을 통과할 때 제복을 입은 험상궂은 러시아 경찰들이 침대차 아래위에 누워 있는 승객들의 짐과 여권 등을 이 잡듯 훑고 지나갔다. 다행히 동양인 여자 여행객들은 좀 수월하게 넘어가는 편인 것 같다. 물론 냉정히 말하면 외견상 한국인 아니면 일본인 관광객임을 노골적으로 드러내는 것이 쉬운 방법이다. 내가 탄 기차에는 나 이외의 외지인은 한 사람도 없어 보였는데, 늘 식상하게 묻곤 하는 '왜 가는가?' '여행하러 가는 것인가?'라는 질문에 못 알아듣는 척 시치미를 떼고 초록색 대한민국 여권을 보여주자 별 말 없이 쉽게 통과되었다. 반면 그들의 눈에 의심스럽게 보인 내 옆 침대의 남자는 가방까지 꺼내 죄다 헤집고 심지어 물병의 물까지 마셔보라는 모욕적인 검색을 당해야 했다.

솔직하게 말하자면 나야말로 조금 켕기는 것이 있는 상태였다. 러시아에서 머물던 20여 일간 반드시 해야 하는 외국인 체류신고를 하지 않았기 때문이다. 운이 좋아 러시아를 떠나는 마지막 순간까지 별 탈 없이 지내왔지만 지금이라도 걸릴 수 있는 문제였다.

그럼에도 불구하고 도대체 어디서 이런 용기가 솟아나는 건지 '아마 나는 안 잡을걸!' 하며 다른 사람들이 검색당하는 모습을 배짱 좋게 지켜보고 있었다. 헌데 지금 생각해보면 국경, 도심거리 할 것 없이 무작위로 시행되는 러시아의 엄격한 검색을 번번이 무사 통과했던 데는 웃기지만 나만의 전략이 통했기 때문인 것 같다. 추측건대 나를 일본인 관광객으로 착각했기 때문인 듯하다. 러시아에선 조용히 돈만 쓰고 떠나는 뜨내기 관광객인 척하는 것이 가장 속 편한 전략이다. 굳이 체류증 문제가 아니더라도 러시아를 여행하는 사람이라면 그런 면에서 옷차림에 좀 신경 쓸 필요가 있다.

나 또한 당연히 했어야 하는 거주지 신고를 하지 않았으니, 매일 아침 귀찮은 수고를 해야 했지만 효과는 분명했다. 평소엔 하지 않던 약간의 메이크업도 하고 관광객의 필수 아이템인 시내지도를 눈에 쉽게 뜨이도록 손에 들고 다니며 경찰 앞에선 일부러 더 과하게 팔랑거렸다. 옷도 깨끗이 빨아 나름 말끔한 모습을 하려 애썼다. 시커멓게 탄 얼굴이라 별 티는 안 났겠지만 말이다.

최고의 역할을 한 것은 역시 한국의 기술력이었다. 무슨 소리냐구? 우리에겐 좀 지난 모델이지만, 러시아에는

한참 지난 모델이지만 한때 귀여움으로 인기를 독차지했던 미키마우스 MP3.

28

내가 보기에 전 세계에서 가장 어둡고 공포스러운 에스컬레이터는 모스크바 지하철
과 헝가리 부다페스트 지하철인 듯싶다. 확인 안 된 얘기지만, 지금 사진으로 보는 모
스크바 지하철 에스컬레이터가 건물 7층 깊이라나.

없는 핑크색 미키마우스 모양의 MP3기기를 옷 밖으로 걸고 다녔더니 거리에서 만난 경찰들의 시선이 곧장 핑크색 미키마우스에 멈춰버리는 거였다. 그러면 보란 듯이 미키마우스의 동그란 귀를 꺾어 작동시켰고 그 모습을 보고 다들 신기하고 재미있다는 듯 속닥거리며 웃기까지 했다. 그럴수록 나는 미키마우스의 귀를 더욱 자주 똑딱거리며 경찰들의 관심을 돌렸다. 아무리 생각해도 훌륭한 전략이었다. 심지어 불친절하고 무뚝뚝하기로 소문난 러시아 경찰들이 내가 기차역을 묻자 가방을 들어주고 직접 플랫폼까지 데려다주기도 했다. 체류증 검사는 할 생각도 안 했다. 어쨌든 장기여행 중에 상황과 장소에 따라 허름한 여행객과 화사한 관광객을 오가는 것은 여행자의 꼼수지만 귀여운 전략이 될 수 있다. 특히 러시아에선 동양 여행자들이 너무 허름하게 하고 다니면 중앙아시아에서 밀입국한 사람으로 여겨져 수시로 걸릴 수 있으니 주의해야 한다.

우크라이나행 기차는 모두가 불을 끄고 잠든 사이에도 잠시의 휴식도 없이 밤새 덜컹거리며 거대한 대륙의 어둠을 갈랐다. 좁은 이층침대에 누워 눈을 감고 있으니 영화에서나 들어보던 동유럽의 깊고 우렁찬 기적소리가 귓가에 맴돌았다. 거대한 러시아의 함성 같기도 했고 누군가의 서글픈 절규 같기도 했다. 술에 취한 사람처럼 신기하게 울어대는 기적소리에 매달려 지나온 러시아를 하나씩 추억하기 시작했다.

또 다른 세상으로 빨려드는 블랙홀 같은 묘한 느낌이 들었다.

창가에 뿌옇게 맺힌 물방울들이 나를 더욱 몽롱하게 만들고 허공을 가르는 기적소리와 함께 어느새 스르르 깊은 잠에 빠져들었다.

부산한 움직임에 눈을 떴다. 기차는 하얀 연기를 내뿜으며 키예프 역으로 들어서고 있었다. 밤새 자연스레 동지애가 생겨버린 승객들은 차분한 는빛을 나누며 거의 동시에 일어나 내릴 준비를 했다. 움직이는 철통 안에서 부대끼며 지낸 하룻밤의 어색한 동거가 끝이 났다. 높은 기차 위에서 서로의 가방을 플랫폼으로 내려주며 키예프에 첫발을 내디딘 우리는 아쉬운 작별인사를 나누고 계단을 향해 개미떼처럼 몰려갔다.

그 순간, 기억하기도 싫은 사건이 일어나고 말았다.

나는 작은 기내용 트렁크 한 개를 끌고 등에는 노트북과 카메라를 넣고 자물쇠를 채운 배낭을 메고 있었다. 움직이는 게 전혀 문제가 없는 무게와 사이즈의 짐이었다. 역을 빠져나가기 위해 바삐 움직이는 사람들 틈에 끼어 계단을 올라가는데 순간 뒤에서 '툭' 하는 소리와 함께 순간적으로 뭔가 잡아끈다는 느낌이 들었다. 그러나 밀려드는 인파에 잠시 멈추어 뒤돌아볼 틈조차 없이 그냥 계단을 올라갔다. 그저 옆사람과 부딪혔나 하는 의구심만 일 뿐 멈추기가 어려운 상황이었다. 이때가 새벽 6시 10분이었다.

키예프 역은 관광객이 많지 않은 탓인지 외국인 여행자를 위한 표지판이나 안내가 거의 없었다. 더군다나 너무 이른 새벽에 도착해 아예 외지인은 거의 보이지 않았고 잠이 덜 깬 얼굴로 로비 의자에 앉아 무표정하게 기차를 기다리는 현지인들뿐이었다. 이리저리 기웃거리던 내가 키예프 역사 로비에서 모든 사람들의 주목을 받았을 때는 이미 상황 종료였다. 동양인의 외모에 시간조차 이른 새벽이어서 눈에 띄기 때문이라고 생각했는데 알고 보니 볼거리는 내 등에 있었다. 사람들의 눈길과 뭔지 모르게 속닥거리는 분위기가 이상해 등뒤를 보니 내 배낭은 화난 악어처럼 입을 쫙 벌리고 있었다. 그것도 모른 채 10여 분을 로비에서 헤매고 있었던 거였다.

아무도 말을 해주는 이가 없었다는 사실에 기가 막혔지만 다시 생각해보면 이들에게는 너무나 익숙한 일이어서 선뜻 나서서 말을 걸기가 무색했을지도 모르겠다. 누군가는 자신의 국가에서 일어나는 너무도 비일비재한 도난사고로 조금은 창피하게 생각했을 수도 있을 것이다. 다행스러운 건 가방이 죄다 헤집어진 상황이었는데도 여권, 현금, 신용카드, 노트북, 카메라는 그대로 있고 방금 전기차에서 새벽 키예프 역을 찍겠다며 꺼냈다가 대충 넣어버린 작은 카메라 한 대만 잃어버렸다.

'키예프 도둑들은 부지런도 하지.'

생각해보니 어이가 없었다. 그렇게 많은 사람들이 계단을 오르는데, 그것도 자물쇠까지 채워놓은 배낭을 뜯고 카메라를 가져가다니 말이다. 무엇보다 중요한 건 시간, 지금이 새벽 6시인데 우크라이나 도둑들은 이토록 근면하단 말인가. 생각하면 생각할수록 화가 치밀어올랐다. 그러나 중요한 건 내가 아직도 소매치기들이 득실거리는 역 내에, 그나마 채워놓았던 자물쇠까지 잃어버린 배

아름다운 거리 갤러리. 유럽 어디에서나 만날 수 있지만 동유럽은 독특한 특징이 있다. 서유럽보다 유난히 눈, 겨울 풍경이 많다거나 인물화의 표정들이 하나같이 무표정해서 더욱 심오하고 철학적인 느낌이랄까.

낭을 멘 채 그대로 서 있다는 사실이다. 일단 안전한 숙소부터 찾아야 했다.

그제야 살펴보니 키예프에서 묵기로 한 호스텔의 주소가 적힌 수첩까지 없었다. 동유럽 국가들은 아직 영어 보급률이 극히 저조한데다 이날따라 특히 영어가 통하는 사람을 만나기도 어려웠다. 이른 아침이어서 시내지도라도 얻길 바랐던 여행정보센터마저 문을 열지 않았다. 이럴 땐 한시라도 빨리 역을 떠나는 것이 상책인데 말이다. 숙소 주소가 없으니 지하철을 타도 어디로 가야 할지 알 수가 없었다. 시내가 어느 방향인지조차 가닥을 잡을 수가 없었다. 이 상태로는 택시를 타도 대책 없이 빙빙 돌아 바가지 요금만 낼 뿐 아니라 전혀 머물 생각이 없는 별 다섯 개짜리 호텔로 향하게 될 터였다. 20여 분을 더 헤매다 다행스럽게도 영어를 몇 개 단어로나마 이어가는 키예프의 대학생을 만나 시내 중심가를 알아냈고 그 학생이 택시기사에게 예상요금까지 흥정해주어 바가지를 쓰지 않고 무사히 키예프 역을 빠져나올 수 있었다.

길을 찾고 가방을 정리하고, 현금지급기를 찾아 추가로 우크라이나 돈을 뽑는 동안 시간이 흘러 아침 8시가 되었다. 눈에 보이는 호텔로 가서 인근에 저렴한 호스텔이 있는지 물었지만 다들 확실치 않은 대답과 함께 호텔 종업원들은 다소 실망하는 눈빛을 감추지 못했다. 으레 자기네 호텔에서 지낼 아시아 관광객으로 생각했을 테니까. 그러나 나로서는 이미 일을 당한 후였지만 지금은 아침, 찾아 헤맬 시간이 충분한데 그냥 비싼 호텔로 직행할 이유가 없었다. 그렇게 가방을 힘겹게 끌어가며 키예프 중심가를 몇 바퀴째 돌고 있을 때였다. 문득 거리의 광고판처럼 붙어 있는 키예프 시내 지도가 눈에 들어왔다.

'내 눈은 혹시 천리안?'

거리의 광고게시판 가운데 눈에 잘 띄지도 않게 걸려 있는 대형지도에서 한국대사관이 빨간 칠을 하고 우뚝 서 있는 게 아닌가. 나는 순간적으로 쾌재를 불렀다.

"오라, 한국대사관. 너 딱 걸렸어. 나는 대한민국 국민이고 지금 곤경에 처했으니 안 도와주기만 해봐라!"

이제 살았구나 하는 생각이 들자마자 키예프 시내에서 두어 시간 동안이나 가방을 끌고 다녔던 팔이 갑자기 아파오기 시작했다. 여행 중의 고통은 늘 긴장이 끝나는 순간에 찾아온다. 여행을 하다보면 행운이 연달아 찾아오는 날이 있는가 하면 아무것도 아닌 사소한 일 하나까지도 쉽게 풀리지 않는 이런 날도 있는 것 같다.

그렇게 나는 머나먼 우크라이나에서 '덩기덕 쿵덕!' 하며 밤마다 나 홀로 장구를 치고 계실 우크라이나 한국대사관의 김현득 공사님과 인연을 맺게 되었다. 내가 소매치기를 당하고 길을 잃어 대사관 앞에서 무작정 기다리던 날 아침, 공사님은 여느 때처럼 가장 먼저 출근하셔서 인터넷을 쓸 수 있게 해주시고 전후 사정을 들으시더니 아예 자신의 집에서 며칠 묵어가라고 하셨다. 처음엔 말씀만으로도 너무 감사하다며 애써 마음에도 없는 사양을 했지만,

발레의 도시 러시아 모스크바에서 본 〈지젤〉의 마지막 커튼콜

며칠 후엔 비록 낡은 아파트지만 오페라하우스가 코앞에 있는 아늑한 공사님 댁에서 일주일단 더 지냈으면 하고 소원하게 되었다. 거기다 머나먼 우크라이나에서 사모님이 차려주시는 정통 한식을 삼시 세끼 먹을 수 있어 그저 놀랍고 감격스럽기만 했다. 소곤소곤 교양 있게 말씀을 건네는 모습, 식사할 때마다 이것저것 닷을 보라며 먹여주시던 모습이 한국에 계신 친어머니를 떠올리게 해 여행자였던 내게는 한없이 포근하고 행복한 시간이었다.

며칠 동안 공사님 댁에서 휴식을 취하며 키예프의 소매치기를 만났던 일을 생각하니 지난 세계일주 때의 에피소드가 떠올랐다. 여행 8개월 만에 모든 짐을 도난당하고 잠시 허탈감에 빠진 적이 있었는데 당장은 눈앞이 캄캄했지만 정신을 차리고 보니 그제야 비로소 진짜 여행자가 된 것 같은 자유로움을 느낄 수 있었다. 아니, 그제야 비로소 진짜 세상 사람들을 만날 준비가 된 거라는 생각을 했었다. 돈과 신분증, 하다못해 칫솔 하나조차 남지 않고 모조리 잃어버린 후였지만 사실은 그때처럼 세상이 편안하고 아름답게만 보였던 적이 없었다. 더 이상 잃어버릴 것이 없으니 두려울 것도 없었다. 마치 어디로든 날아갈 수 있는 하얀 깃털이 된 느낌이었다. 그리고 2년이 지난 오늘, 키예프에서 만난 공사님과 예쁜 사모님, 새벽부터 나를 맞이해준 소매치기 덕분에 그때의 교훈을 다시 되새기게 된 것이다. 키예프에서 내가 얻은 것에 비하면 잃어버린 것은 사막의 모래알보다 작은, 아구 의미 없는 것들이었다.

법정 스님이 말씀하신 무소유의 가르침을 부족하나마 조금씩 실천해오던 중이었는데 사실은 단 한 번도 그 원칙을 마음에 제대로 새긴 적이 없는 것 같다. 무엇 하나 잃어버리기 싫어 아둥바둥하던 내 모습이 부끄럽게 여겨졌다. 오히려 새벽부터 일하는 키예프의 부지런한 소매치기에게 고마워해야 할 일이었는데 말이다. 카메라 한 대 값에 이토록 큰 가르침을 주다니 되레 고맙다고 절이라도 해야 할 일이었다.

　　"부지런한 키예프의 소매치기 씨, 미안합니다. 나를 일깨우는 대가치고 너무 작은 것을 드렸네요. 혹시 제가 또 길을 잃으면 그땐 더 아프게 찾아와주세요. 고마워요." 🐌。

유럽 소매치기로부터 물건을 보호하는 나만의 노하우

자, 소매치기가 많은 지역에서는 여행가방을 어떻게 싸야 할까?

좀 부실하긴 하지만 유럽에 가고자 하는 여행자들에게 소매치기로부터 물건을 보호하는 나만의 방법을 알려줘야 할 듯싶다. 번번이 털리는 주제에 웬 충고냐고 하겠지만 다른 관점에서 보면 가방이 다 열렸음에도 불구하고 여권, 현금, 신용카드, 노트북 등 대부분의 중요한 소지품을 잃어버리지 않은 것은 나름의 정리방법이 있었기 때문이다. 유럽여행을 하다보면 수시로 가방에 손을 집어넣는 거리의 소매치기를 만나게 되는데 가방 안 정리 요령에 따라 가방이 열리고도 소지품을 잃어버리지 않는 행운이 찾아오기도 하는 것이다.

내 경우는 노트북의 전선과 마우스, 빈 물병을 이용하는 것이 요령이다. 먼저 등에 메는 배낭에는 보통 깊숙이 위치한 속주머니가 있는데, 그곳에 중요 서류나 돈을 넣은 뒤 그 바깥쪽으로 노트북을 세워서 넣는다. 눈으로 보지 않고 손만 넣어 물건을 찾는 소매치기들은 노트북 안쪽은 사람의 등 쪽이라 생각하고 바깥쪽만 뒤지게 된다. 그 상태에서 가방의 가장 아래쪽에 부피가 큰 카메라 등을 넣고 그 위에는 별로 중요하지 않은 과일, 장갑 등을 넣어 방어막을 설치한 뒤 마지막으로 가방의 가장 바깥쪽에 노트북 전선과 마우스 등을 이리저리 엉키도록 흩어 놓는다. 혹시 이 전선들 사이에 여유 공간이 있거든 빈 물병으로 공간을 채우면 더 확실하다. 이러면 실제 소매치기 들의 손이 가방 안으로 뚫고 들어와 돈 될 만한 물건을 발견해도 장애물에 걸려 빼내가질 못한다.

나는 이 방법으로 가방 속에 들어온 뭇 사내들의 손길을 네 번이나 내칠 수 있었다. 특히 노트북을 가지고 다니는 사람들이라면 전선을 노트북과 분리하여 이런 식으로 이용해보면 좋을 것 같다. 직접 시험해보면 알겠지만 엉킨 전선 사이로 물건을 빼내기가 쉽지 않으니 꼭 써먹어보길 바란다.

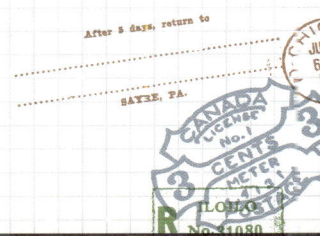

의사로 돌변한
이스탄불의 사기꾼

유럽과 동양이 만나는 곳 터키에는 좋은 사람도 많지만 위험한 사기꾼도 정말 많다.
그걸 알면서도 누군가는 양탄자를 파는 터키 남자와 사랑에 빠지고 누군가는 그런
어리석은 짓은 하지 않겠다며 자신을 꽁꽁 싸맨다. 그 바보가 나였다.

　　　　장기여행을 하다보면 어쩔 수 없이 늘 긴장하게 되고 그래서
여행자는 잘 아프지도 않는다. 여행자는 아파서는 안 되기 때문에
스스로에게 그렇게 최면을 거는 것이다. 증세가 나타나도 '이 정도
는 아프다고 할 만한 게 아니기 때문에 나는 아픈 것이 아니고 가던
길을 멈출 아무런 이유가 없다. 걸음을 멈추는 것은 곧 나와의 싸
움을 포기하겠다는 뜻이다'라고 자신에게 명령한다. 그러나 인간의
정신력에는 한계가 있기에 그 모든 최면이 한번에 와장창 깨질 때
가 있다. 아예 그러한 판단조차 할 수 없는 날이 온다. 내 몸이 그 누
구의 것도 아닌 날이 있게 마련이다. 한꺼번에 몸 상태가 흐트러져
고열과 체력 저하, 영양부족, 거기다 감기 같은 반갑지 않은 손님이

라도 찾아온다면 적어도 사나흘은 죽은 듯이 앓아야 한다. 내 경험을 돌아보자면 절대로 아파서는 안 되는 여행자가 한번 아프면 그동안 잠시라도 앓았어야 할 것들이 한꺼번에 매몰차게 들이닥친다.

내게도 그런 적이 있었다. 급작스럽게 앓아눕는 바람에 마실 물조차 사러 갈 수가 없어 그냥 물 한 모금 마시지 못하고 정신을 잃었던 적이 있었다. 여행자가 가장 무방비로 노출되는 순간은 강도를 만났을 때가 아니라 준비 없이 앓아눕는 순간이다. 그런 내 앞에 사기꾼이 나타났다!

몇 해 전 세계일주 당시 이집트에서 유럽의 첫 나라인 터키 이스탄불로 왔을 때였다. 당시 나의 코스는 북미, 남미, 아프리카, 유럽, 아시아, 오세아니아 순이었는데, 남아메리카 볼리비아에서 심하게 앓아누웠던 이후로 다행히 조금 위험스런 아프리카에선 한 번도 아프지 않고 불미스런 사고도 없이 즐겁게 여행을 마칠 수 있었다. 참 다행이라 생각하며 아프리카의 마지막 코스였던 이집트에서 유럽의 첫 관문인 터키 이스탄불로 넘어온 직후의 일이다. 짧은 여행이라면 숙소 찾는 것조차- 재미가 있겠지만 매일같이 어딘가로 이동하고 숙소를 찾아 몸뚱이와 가방을 안전하게 간수해야 하는 작업은 더 이상 내게 아무런 재미를 주지 못했다. 이날은 유난히도 지루하고 기분이 가라앉아 늘 잘 웃던 내 얼굴에도 좀처럼 웃음이 떠오르질 않았다. 오히려 '이놈의 장기여행, 다시는 하나봐라!' 하며 슈트케이스를 끌고 이스탄불 거리를 힘겹게 걸어가며 혼잣말로 투덜

동서양의 아름다움이 묘하게 어우러져 있는 이스탄불. 저 뾰족한 탑에선 동화 속 공주님이라도 살 것 같다.

댔다. 간신히 찾은 호스텔에서 잠시 주인과 인사를 나누고 짐을 푼 뒤 좀처럼 살아나지 않는 기분도 그렇고 멍하니 피곤한 느낌이 들어 잠깐 침대에 눕기로 했다.

그렇게 맥없이 잠이 들었다가 눈을 떠보니 다음날 오후였다. 꼬박 하루 반을 잤다. 얼핏 침구가 땀에 젖었다는 생각이 들었지만 그걸 확인할 기운도, 의지도 없었다. 나는 여전히 누운 채였고 신기하게도 잠이 더 왔다. 3일을 더 누워서 잠만 잤다. 침대와 내 몸뚱이는 4박 5일 동안 온통 땀에 뒤범벅이 되어 냄새가 날 지경이었고 그제야 피로가 좀 풀린 듯 정신이 들어 일어나려 했지만 몸이 말을 안 들었다. 다른 침대의 여행자들과 인사조차 나누지 못하고 누워버린 탓에 안면 있는 이도 없었고 사람들이 계속 바뀌는 통에 내가 얼마나 누워 있었는지 그들은 알지도 못했다. 뭘 좀 먹어야 할 텐데 나 대신 물과 음식을 사다줄 사람이 아무도 없었다. 특별히 슬픈 일도 없는데 땀에 젖은 귀 옆으로 나도 모르게 눈물이 자꾸 흘렀다. 누구 한 사람 도와줄 이 없고 나조차 나를 일으킬 수 없으니 그 순간 내가 할 수 있는 건 고련 서러움을 눈물로 삭혀내는 일뿐이었다.

배가 고파서 우는 것인지, 아파서 우는 것인지 누운 채로 '엄마'를 불러가며 한참을 흐느끼다보니 문득 갑자기 앓기 시작한 몸 상태가 이상하다는 생각이 들었다. 말라리아일까? 정말 그렇다면 큰일이었다. 말라리아는 발병 후 보통 2주 후부터 증세가 나타나고 경우에 따라 몸에 장기간 잠복하다가 한참이 지난 후, 그러니까 이미 치료 시기를 놓친 뒤에야 나타난다. 나는 2주 전 아프리카 케냐의 세렝게티에서 극도로 말라리아를 조심하느라 약까지 먹었기에 마지막 날 청바지도 뚫을 것 같은 모기떼의 기승에 심하게 물렸어도 '설마 괜찮겠지' 하며 넘어갔었다. 그리고 이집트로 이동해 2주간을 더 여행하고 이스탄불로 오자마자 이유 없이 앓기 시작한 것이다. 의심스럽던 세렝게티 모기가 다녀간 지 정확히 2주하고 하루가 되는 날이었다. 순간 정말 큰일, 아니, 여행을 중단해야 하는 상황이 될 수도 있겠구나 하는 불안감이 불어닥쳤다.

'정말 말라리아에 걸렸으면 어쩌지?'

유난히 상상력이 넘치던 머릿속은 그때부터 이미 통제불능이었다. 끝도 없는 의심이 자가번식하며 무거운 머릿속을 헤엄쳐 다녔고 그 불안이 나를 더 아프게 했다. 복잡한 생각은 멈출 줄을 모르고 몸과 가슴은 서러움에 북받쳐 남은 눈물까지 쏙 빼놓았다.

나흘하고 반나절을 누워 있었으면서도 기껏해야 하룻밤 잘 자고 난 것 같은 개운함뿐, 몸에서는 아직도 열이 후끈후끈 뿜어져 나왔다. 더 늦기 전에 몸을 일으켜 병원부터 가봐야 할 터였다. 터키 일정에 크게 차질이 생겼지만, 내 몸 아픈 것보다 더 큰 차질이 어디 있겠는가. 지금은 장기여행에서의 비상사태에 해당한다. 일단 호스텔에서 가까운 제일 좋은 식당으로 가 무조건 좋은 음식을 주문해 먹고, 힘을 내야 했다. 이미 내 몸은 몇 근이 빠져나간 듯 가벼움이 더해졌다. 평소엔 '장기여행을 하는데도 왜 이렇게 살이 안 빠지나' 하고 생각했었는데 며칠 앓아누웠더니 눈이 퀭해질 만큼 한꺼번에 살이 쏙 빠졌다.

호스텔 근처의 럭셔리한 레스토랑으로 들어가 자리를 잡았다. 이미 이스탄불에는 터키 여행 붐 덕에 많은 한국 관광객이 방문하는 터라 수염 기른 종업원들이 입구 앞에서 "마~시써요 항국 싸람 조아요~!"라며 뻔한 호객행위를 하고 있었다. 이스탄불 상인들은 유럽에서 유일하게 한국 사람과 일본 사람을 백발백중 구분해내는 예리한 눈을 가졌다. 내가 봐도 비슷한 한국 사람과 일본 사람을 구별해 척척 단어를 바꿔가며 "곤니찌와~!" "마~시써요~!" "오이씨~이!" "항국 싸람 조아요~!"를 기계처럼 연발했다. 여하튼 평소에는 잘 가지도 않는 고급 레스토랑에 혼자 들어가 자리를 잡으려고 하자 으레 돈 많은 젊은 관광객이겠거니 하는 종업원들의 눈빛이 내 눈에도 금방 포착됐다. 상관없었다. 어차피 오늘은 가격에 상관없이 임금님처럼 먹어야 하는 날이니까.

동양 여자가 유난히 인기가 좋은 터키 이스탄불의 고급 레스토랑 야외 테라스에서 혼자 유유자적하다보면 무슨 일이 생길까. 이날도 예상대로 뻔한 일들이 벌어졌다. 이스탄불을 다른 말로 하면 동양 여자 헌터들의 천국이라고나 할까. 다만 고급 레스토랑이었기에 눈에 띌 정도의 민폐가 되면 종업원들이 제지를 하지만 진짜 헌터들은 종업원들도 이미 매수해놓으니, 게임은 원점으로 돌아가 늘 반복되는 법이다. 평소의 나 같으면 '이런 사람 보는 눈도 없는 놈! 너 잘 걸렸다' 하며 한 마디 한 마디 약올리며 5분 만에 물러가도록 할 텐데 이날은 그럴 힘이 없어 첫판에 끝냈다.

"피곤하니까 말 걸지 말아줘!"

그러나 속으론 이렇게 외치고 있었다.

'나 말라리아 걸렸을지도 몰라. 그래도 나랑 놀고 싶니?'

식사를 마치고 따끈한 차를 홀짝이며 천천히 상황을 정리하다 보니 슬슬 힘이 나기 시작했다. 이제부터 어떻게 할지 생각해서 하나씩 하나씩 해결해야 했다. 일단 몸 상태부터 의학적인 검증을 거쳐 단지 체력 저하에 불과한 일시적 현상임을 밝혀내야 했다. 내가 병에 걸리지 않았다는 확실한 증거를 확보하여 날뛰는 상상력을 제어하는 것이 급선무였다. 최근 들어 빈혈이 더 심해졌는데 진작 조치를 취하지 않은 것이 후회가 됐다. 그래도 말라리아만 아니라면 괜찮다. 당분간 신경 써서 잘 챙겨먹고 떨어진 영양제도 다시 구입해서 섭취하면 될 일이었다. 과일값 싼 터키에 있으니 영양보충에 더없이 좋은 기회가 아닌가.

숙소로 돌아온 뒤 그제야 눈에 들어오는 거울 앞으로 다가가 내 모습을 보니 참담했다. 남아메리카와 아프리카를 거쳐 반 년을 여행해온 내가 꼬질꼬질한 모습으로 거울 속에 무참하게 서 있었다. 피부는 까맣게 타 칙칙하고 복 없이 야위기까지 한데다가 머리는 머털도사 저리 가라였다. 한국에서도 성인 여드름으로 피부과 우수 고객이었던 내 얼굴은 오랫동안 관리를 받지 못해 이제 특급 고객으로 모셔갈 것 같다. 거울 속 나는 '외모가 뭐가 중요해?'라고 억지로라도 우기고 싶어 하는, 그러나 스스로도 심하게 초라해 보이는 자신의 모습을 부정할 수 없어 몹시 슬픈 눈을 하고 있었다. 거기다 말라리아까지 걸렸을지도 모른다니 한숨밖에 나오지 않았

이스탄불의 대표 명물거리 탁심의 밤골목. 어둠이 찾아오면 온통 좁은 골목들이
통째로 야외 카페로 돌변하는 재미! 낭만! 이래서 나는 유럽이 좋다.

다. 그러고 보니 좀 전에 레스토랑에서 만났던 작업남들이 생각났다. 나도 모르게 신경질적으로 소리쳤다.

"이 나쁜 쉐이들, 나보고 예쁘다더니…… 쑤~운 거짓말이잖아. 나쁜 쉐키들!"

호스텔 주인에게 병원을 소개받고 다음날 병원 진료를 예약했다. 슬슬 다음 일정 관련 일들도 하고 여기저기 연락을 취해야 할 곳들도 있었다. 이참에 잡초처럼 덥수룩하게 자란 머리도 어떻게 해야겠다는 생각이 들었다. 그렇게 해서 급히 간 곳이 이스탄불 탁심 거리의 한 미용실이었다. 다행히 영어를 좀 하는 헤어디자이너라서 이것저것 열심히 설명을 했지만 두 시간 후의 내 모습은 결국 빨간 꼬리가 달린 이상한 닭머리였다. 꼭 마네킹 머리에 먼지털이개를 씌워놓은 것 같았다. 미용실 거울에 비친 닭머리의 나를 보니 세상살이 무엇 하나 쉬운 게 없구나 싶어 나도 모르게 또 한숨이 흘러나왔다. 터키 시골 처녀가 멋 좀 내느라 머리에 염색약을 들이붓다가 포기한 것 같았다. 그러나! 내가 진짜 들려주고 싶은 이야기는 이제부터다.

미용실에서 머리에 헤어캡을 쓰고 소파에 앉아 대기하고 있는데, 옆에서 잡지를 보던 남자가 말을 걸어왔다. 영어도 아주 능숙하고 다른 헌터들보다 준수한 외모였다. 바람둥이 같은 놈이 이것저것 아는 것도 많았다. 더구나 여기는 많은 사람들이 왁자지껄 모여 있는 헌터들의 주요 작업공간이 아닌 조용한 미용실. 어차피 터키어를 몰라 잡지로 시간 때우기도 힘들던 차에 고맙게도 계속 재미난 이야기를 꺼내 내 흥미를 끌었다. 예를 들면 한국은 IT가 그토록 발달을 했는데 자기가 보기엔 그 이유가 한국인의 성격 때문이라거나, 터키에 오는 한국 여자 여행객들은 참 예쁘고 좋은 옷만 입는데 너는 좀 다른 것 같다, 뭔가 특별한 직업을 가졌느냐는 식의 질문이었다. 그러니 단순한 나는 이 남자의 이야기에 작업남인 줄 알면서도 속수무책으로 빠져들었다. 대화가 즐거워 내 몸 아픈 것도 잊고 다시 웃음이 찾아왔다. 당연히 나의 여행 이야기는 너무나 훌륭한 소재가 되었고 이어 '너는 왜 이 시간에 일 안 하고 여기 있냐?'고 물었더니 오늘은 쉬는 날이라며 그가 말했다.

"응. 난 의사야~."

나도 속으로 말했다.

'이놈아! 레퍼토리 좀 바꿔라!'

이렇게 시작된 작업남과의 미용실 토크는 내 머리가 닭머리가 될 때까지 계속 이어졌고 나름 이야기도 재미있어 금세 좋은 친구가 되었다. 그의 이름도 내 이름처럼 평범했다. 핫산. 너가 지금까지 만난 터키 사람 중에 핫산만 일곱 명이다. 외우기도 쉽지만 누가 누군지 잊어버리기도 쉬운 이름이었다. 어쨌든 내게 큰 피해가 없다면 사기꾼이라 한들 무슨 상관이겠는가. 게다가 '네가 진짜 의사고 친구라면 나는 지금 말라리아가 의심되니 네가 진찰해주면 되지 않겠냐'는 말에 핫산은 의외로 선뜻 응했다. 다음날 오전 자기가 일하는 병원으로 오라고 했다. 보통 이 정도가 작업남들의 레퍼토리였다. 여기서 그가 주는 주소지로 무작정 갔다가는 인생이 드라마처럼 뒤바뀔 수도 있을 터였다. 그래도 혹시나 싶어 다음날 숙소와 지인들에게 이런저런 언질을 남겨놓고 사기꾼 친구가 말해준 장소를 어렵게 찾아갔다.

이를 어쩌나. 핫산은 터키 이스탄불에서 가장 큰 국립병원의 진짜 레지던트였다. 국립병원이라 아마도 치료비가 저렴한지 할머니 할아버지 환자들이 줄을 이었고 병원은 왁자지껄했다. 4층 내과 병동에서 만난 핫산은 무척 바빠 보였지만 그 와중에도 나를 반갑게 맞아주며 잠시 레지던트 휴게실에서 쉴 수 있게 해주고 채혈실의 스케줄표를 확인한 뒤 짬을 내어 나를 데려갔다. 고마운 핫산은 알코올로 내 검지의 지문이 있는 부분을 닦아내고 밀폐된 용기에서 면도칼처럼 생긴 채혈용 칼을 꺼내 내 피를 뽑아 분석실로 보낼 준비를 했다. 그 와중에도 내가 무서워하지 않도록 이런저런 재미난 이야기를 건네며 배려하는 모습이 어찌나 자상하게 보이던지 어제까지 사기꾼 같던 핫산이 오늘은 제법 멋있다는 생각이 들었다. 핫산이 내 손을 잡고 채혈을 하면서 이야기할 때마다 머리 뒤쪽에선 어느새 부처님 못지않은 광채가 나기 시작했다. 어제는 눈에 들어오지도 않았던 그의 다리가 오늘은 유난히 더 길어 보이고 웃을 땐 꽃미남 같기도 하고…….

어라! 위험한 순간이다. 드라마 같으면 이런 순간이 딱 사랑이 꽃 피는 타이밍 아니던가. 이 남자에게 반하지 않도록 조심해야 했다.

어찌됐건 이렇게 좋은 사람인 줄도 모르고 그토록 의심을 했던 내가 오히려 진짜 속물이란 생각마저 들었다. 고맙고 조금은 어색한 마음에 다시 농담을 건넸다.

"핫산! 너 여기서 막내지?"

"아니야, 왜?"

"피 조금 뽑는데 왜 이렇게 푹 찔러?"

"하하하. 미안해~ 미안해. 많이 아팠어?"

이렇게라면 손끝에서 피를 한 사발 뽑아내도 안 아플 것 같았다.

세 시간 뒤, 말라리아에 걸린 장기여행자의 구원자이자 머리 뒤로 후광이 빛나던 핫산이 말했다.

"Yoo~! 너 말라리아 아니야! 깨끗해!"

핫산의 말을 듣는 순간 마음속으로 쾌재를 불렀고 몸이 날아갈 듯이 가벼워졌다. 갑자기 하나도 안 아팠다. 내가 병에 걸렸을지도 모른다는, 그래서 걷기조차 어렵고 힘도 없는 것 같다던 생각이 핫산의 말 한마디에 씻은 듯이 사라졌다. 물어볼 것도 없이 핫산과 나는 그날 저녁 맛있는 저녁식사를 함께하기로 했다. 근데 원래 여자는 단순한 동물이라는 말이 맞는 걸까? 아니면 나만 그런 걸까? 처음엔 얼굴 반반하고 입담까지 좋은데다 아는 것도 많은 놈이니 관광객 넘치는 이스탄불에서 제비노릇하기 딱 좋겠다고 생각했는

터키 지방에 산다는 내 친구의 집은 카파도키아 산 127번지,
세 번째 바위 4층이다. 내 친구의 집은 어디일까요? ^^

데, 이젠 기꺼이 그의 작업놀이에 넘어가고 싶어지니 사람 마음이 이토록 간사해서야…… 마음을 진정시켜야 했지만 이미 머릿속은 자상하게 나를 진찰해주던 핫산 생각으로 가득했다.

'난 몰라…… 몰라 몰라 T.T.'

우리의 인연은 여기까지인 걸까. 다른 장기여행자들에게도 나처럼 이렇게 희한한 일만 연속해서 터지는지 정말 궁금하다. 핫산에게 진찰을 받고 난 후 숙소로 돌아가는 교통편이 애매해 택시를 탔다. 헌데 요금을 지불하고 내리려는 내게 택시기사가 돈도 받지 않고 알아듣지 못할 터키어로 한참을 설명하더니 버티기 시작했다. 그러고는 나를 태운 채 경찰서로 가는 게 아닌가. 이스탄불 어딘가의 경찰서에 들어선 나는 습관적으로 이 상황을 요약한 말을 내뱉었다.

"이건 뭐하는 시추에이션?"

물론 누가 알아들을 리 없었다. 그리고 상황은 혹시나 했던 내 짐작대로였다. 위폐였다.

며칠 전 공항에서 약간의 현금을 찾아 그 중 일부를 시내교통권을 사는 데 쓰고 거스름돈을 받았는데 그 거스름돈의 일부가 가짜 돈이었던 거다. 그리고 며칠이 지난 후에야 그 돈을 택시비로 쓰려 했고, 수시로 이런 일을 경험하는 택시기사는 내가 내미는 돈을 보자마자 가짜돈임을 알아차린 거였다. 지금도 그렇지만 터키는 급속도로 경제성장을 이루는 과도기이기 때문에 가짜돈이 판을 쳤다.

상황을 보아하니 외국인 관광객이라는 신분 때문에 비교적 별탈 없이 넘어갈 듯은 보였지만 그래도 위폐를 시장에 유통시키려 한 시도는 충분히 해명하고 납득시켜야 했다. 위험하고 까다로운 상황이었다. 분위기 파악이 끝나자마자 답답한 마음에 떠오르는 건 침착하고 똑똑한 핫산뿐이었다. 좀 전까지 나를 치료해주고 언제든지 도움이 필요하면 전화하라던 핫산에게 구조요청을 하고 싶은 생각이 굴뚝같았지만 핫산의 전화번호를 든 손이 자꾸 망설이고 있었다. 핫산이든 누구든 가릴 처지가 아니었지만 느낌상 그러지 않는 것이 좋을 것만 같았다.

영어를 하는 경찰이 많지 않아 이리저리 부서를 돌아다니며 정신없이 떠들어댔고 일반적인 경찰서에서 일어날 수 있는 수순을 밟아나가는 듯했다. 결국 상황은 무난하게 마무리되었지만 시간은 이미 저녁을 지나 밤을 향해 달려가고 있었고 핫산에게 연락하고픈 생각은 아예 사라졌다. 오히려 경찰서에서 머무는 시간이 길어짐에 따라 짜증이 치밀어 원래 거슬러 받았어야 할 '진짜 돈'은 너희 나라의 어느 기관에서 변상해줄 것인지, 그 당연한 제도를 왜 안 만들었는지를 항의하기에 이르렀다. 어이없이 가짜 화폐 건으로 저녁 늦게까지 경찰서에서 시달려

이것이 핫산과 나의 사이를 갈라놓은 그놈의 위조지폐. 위는 진짜고 아래가 가짜다.

야 했던 나는 더 이상 이스탄불 거리를 걷고 싶지도 않았다. 짜증과 불만으로 가득한 얼굴로 핫산을 만나고 싶지도 않았다. 일단 터키의 지방에 사는 일본인 친구를 방문하기 위해 경찰서에서 나오자마자 심야버스를 탔다. 핫산에게는 자세한 설명 없이 약속을 연기하자고 했으니 엄청 섭섭했을 터였고 이후 터키 지방 일정을 하루이틀 연장하다보니 결국 이스탄불로 되돌아오는 일정을 아예 취소하게 되었다. 핫산에게 미안한 마음은 쳇기처럼 줄곧 가슴에 남아 있었지만 이미 정이 떨어져버린 이스탄불로 다시 돌아가고 싶지 않았다. 이후 몇 차례 핫산에게 사과의 메일을 보냈지만 시원한 답이 없었다.

그 안타깝던 마음을 2년이 지나 이번 유럽일주 중에 터키를 다시 방문하며 전할 수 있었다. 이런저런 그간의 여행 이야기와 당시의 위폐 사건으로 당황했던 사정을 찬찬히 설명하며 사과하는 나를 보고 마음씨 고운 핫산은 오히려 터키에서 일어난 일들을 미안해했다. 그런 봉변을 당했으니 언짢았을 터인데 시간이 흘렀음에도 잊지 않고 다시 찾아와 진심어린 사과를 해주니 고맙다며 기뻐했다. 내가 핫산을 사기꾼으로 오해했던 것처럼 오히려 핫산 입장에서는 자신이 어떤 작업녀에게 이용당한 것은 아닌지 의심했을지도 모르는데 말이다. 이렇게 멋지고 매너 좋은 핫산을 나는 어쩌자고 사기꾼으로 봤을까. 그제야 핫산과 첫 만남의 장소였던 미용실의 정체도 알게 됐다. 핫산의 사촌형이 운영하는 곳이라 휴일에 사촌을 보러 놀러 온 거였다. 어쩐지 머리도 멋있더라니.

　　지난 세계일주와 이번 유럽일주에서 내가 가장 기억해야 할 것은 아름다운 터키의 공연예술임에도 불구하고, 사실은 핫산을 만났던 이스탄불의 추억이 훨씬 크다. 아니 솔직히 핫산밖에 기억나는 것이 없을 지경이다. 아름다운 추억을 만들어주고 말라리아에 걸렸을지도 모를 여행자의 건강 걱정을 말끔히 해결해준 천사 같은 핫산 덕분에 여행 중반에 건강검진까지 받고 한층 힘을 낼 수 있었다. 내가 얼마나 핫산을 고맙게 여기는지 일일이 설명하자면 '핫산 이야기'로 책 한 권을 다 써야 할 정도이니 뒷이야기는 상상에 맡겨야 할 듯싶다. 그래도 고마운 핫산에게 솔직한 인사는 남겨야겠지?

　　"핫산, 잘 지내? 그날 경찰서에서 네게 연락했다면 우리 진짜 막장드라마 찍었겠지? 경찰보다 그게 더 겁나더라! 눈치챘어? 네가 너무 멋있어서 연락 못했어. 너 때문에 여행을 멈추고 싶어질까봐. 미안해, 핫산. 그리고 진심으로 고마워. 내 추억 속의 왕자님."

여행 중 병이 나면 여행 고수인들 별 수 있으랴. 그러나 비교적 여행을 많이 한 이들은 나름의 컨디션 유지 노하우를 갖고 있다.

여행 중 아프지 않기 위한 노하우

1. 양송이 버섯을 날로 먹는다. 슬쩍 볶아도 맛있지만 날로 먹으면 몸에도 좋고 맛도 더 좋다. 지난 세계일주 때부터 빈혈이 심할 때마다 양송이를 사서 볶아먹곤 했는데 사실은 그냥 먹으면 효과가 더 좋은 것 같다.
2. 과일값은 절대로 아끼지 않는다. 예산에서 식비 이외에 과일값을 따로 책정한다.
3. 평소보다 물 섭취량을 두 배가량 늘린다.
4. 약효가 잘 들도록 평소 약 복용을 되도록 자제한다. 경미한 증상에도 습관적으로 약을 먹으면 내성이 생겨 그만큼 양을 늘려야 한다. 반대로 음식을 통한 영양섭취로 몸이 스스로 회복하도록 습관을 들이면 아플 때 간단한 알약 하나를 먹어도 약효가 놀랄 정도로 빨리 나타난다.
5. 현지인이 권하는 음식은 기분 좋게 먹는다. 비위가 좀 상해도 이왕 먹을 요량이면 기분 좋게 먹어야 체하지 않고 소화도 잘된다. 반대로 내키지 않으면 억지로 먹지 말아야 한다.

아플 때 빨리 낫는 노하우

1. 여행자의 모든 병의 원인은 피로. 일단 푹 쉬며 잠을 많이 잔다.
2. 무조건 속을 비우고, 속을 편히 한다.
3. 우유를 데워 따뜻하게 마신다. 특히 아픈 이유를 모를 때는 아예 음식 섭취를 피하고 따뜻한 우유로 기본적인 체력만 유지한다. 몸이 안 좋은데 배가 고플 때는 따뜻한 우유에 모차렐라 치즈를 넣으면 충분한 식사가 된다.
4. 영양보충은 그 나라의 전통음식으로 한다. 여기서 전통음식이란 보통 서민음식으로, 저렴하면서도 고영양군의 음식을 말한다. 당연히 주변에서 쉽게 사먹을 수 있다.
5. 감기는 모든 병의 시작. 감기 기운이 느껴지면 무조건 생과일주스를 많이 마셔 일찌감치 싹을 자르고 발이 따뜻하도록 양말을 신고 잔다.
6. 가족이나 친구에게 전화한다. 분명히 아픈 것 같은데, 이상하게 전화하고 나면 나을 때가 있다.

젖소 세 마리에
나를 팔겠다고?

여행자에겐 하룻밤 안른한 잠자리, 한 끼의 따뜻한 식사가 눈물나도록 고마운 선물이다.
하루에도 수십 개의 축제가 유럽 전역에서 열리는 여름, 오스트리아 산골의 축제를 찾아
갔다 만난 노부부와의 인연은 영원히 잊을 수 없는 추억이 되었다.

6월, 유럽에도 어느새 여름 더위가 성큼 다가왔다. 지금 나는
오스트리아 중남부에 위치한 작센부르크라는 작은 산골 마을에 있
다. 정확한 철자를 가지고 인터넷 지도에서 찾아야지 보통 지도로
는 절대 찾을 수 없는 깊고 깊은 시골 마을이다. 동네 어르신들이
모여 하는 이야기에 따르면 작센부르크가 있는 오스트리아 남부와
이탈리아 북부 산악지대에 걸쳐 야생곰이 총 아홉 마리나 서식하고
있다니 산세가 얼마나 험한지 상상이 가겠지.

나는 시보튼에서 열리는 세계 최고의 보디페인팅 페스티벌
(매년 7월 첫째 주말)을 취재하기 위해 이곳을 방문했다. 경비도 절
약할 겸 값진 경험을 안겨줄 현지인과의 짧은 동거를 위해 이리저

보디페인팅 페스티벌에 참가한 여인. '까불지 마, 손톱 안 보이니.'

리 알아보던 중 빈에서 만난 킬리라는 친구가 작센부르크에 사는 칼과 힐데가르트 노부부를 소개했다. 작센부르크와 시보든은 30킬로미터 정도 떨어져 있어서 시골 마을들을 연결하는 버스를 두 번이나 갈아타고 다녀야 했다.

할아버지 이름은 칼, 전형적인 오스트리아 사람인데 젊었을 적 아내 힐데가르트를 만나 결혼한 뒤 한 번도 도시로 나가지 않고 부모님을 모시며 이곳에서 살아왔다. 사진은 취미라고 했지만 집안 곳곳에 장식된 사진 작품들은 범상치 않은 실력을 드러냈다. 며칠 뒤 알게 된 사실인데 칼이 모은 오래된 카메라 모델만도 70여 가지가 넘었다. 전문가용 카메라는 아니지만 내가 쓰던 캐논450D 덕분에 칼과 나는 순식간에 친구처럼 가까워졌다.

힐데가르트 할머니 이름은 발음하기도 힘들었다. 힐데가르트는 전통적인 독일어권의 여자 이름이란다. 요즘 애들은 더 이상 쓰지 않는 윗세대들의 가장 대중적인 이름이라나. 쉽게 말하면 오스트리아의 '봉순이' '말자' '애자'에 해당하는 이름인 것 같다. 힐데가르트는 매일 아침 내가 일어나는 시간에 맞춰 깨끗한 사기그릇에 따뜻한 빵과 직접 만든 웰빙 버터, 인근 야산에서 따온 산딸기로 만든 시큼한 쨈, 내가 좋아하는 곰팡이 핀 모르비에 치즈를 담아 최고의 아침식사를 차려주셨다. 또 일어나자마자 가장 먼저 마시는 모닝티의 찻잔까지도 힐데가르트의 증조할머니가 물려주었다는 도자기 잔과 크리스털 고급 찻잔 중 어디에다 마시겠냐며 일일이 취향을 물어주셨다. 다행히 힐데가르트 할머니는 약간의 영어를 할 수 있어 의사소통이 가능했고 얘기를 들어보니 그 작은 마을에서 몇 해 전부터 스스로 영어교실을 찾아가 회화공부를 했다고 한다. 어쩌면 이렇게 멋진 할머니가 있을까. 나는 힐데가르트를 처음 만났을 때부터 그녀를 좋아하게 될 것이라고 확신했다.

이튿날 아침, 칼이 머리가 많이 자랐다며 짧게 깎고 싶다고 했다. 아침부터 마당 한켠에 걸린 거울 앞에 서서 이리저리 모양을 만드는가 싶더니 이내 아내를 보챘다. 칼은 아내가 깎아주는 머리가 제일 좋다고 했다. 어쩌면 칼은 한국에 계신 우리 아버지랑 저리도 닮았을까. 아직도 머리를 비누로 감으시는 내 아버지도 어머니가 직접 깎아줘야 시원하다며 늘 어머니에게만 머리를 맡기셨다. 그러면서 머리카락 떨어지면 청소하기 힘드니 신문지를 깔라는 어머니에게 어찌나 격하게 투덜대는지 늘 웃지 않고는 못 배기는 장면들을 연출하곤 했다. 무엇이든 나를 먼저 배려해주는 칼과 힐데가르트와 함께 있으니 한국에 있는 부모님 생각이 더 간절해지는 것 같았다.

힐데가르트가 창고에서 바리캉과 의자를 들고 나왔다. 바리캉을 그네들의 말로 몇 번이나 알려줬는데 나는 도무지 발음할 수가 없었다. 순식간에 미용실로 변한 정원은 칼의 부모님이 생전에 만드셨다는 작은 꽃동산과 커다란 사과나무, 오랜 시간 잘 가꾼 듯한 초록빛 잔디, 그늘을 만드는 정원수들이 사방을 둘러싸고 있었다. 나도 슬슬 나이를 먹어가나보다. 어른들이 정원이 있는 주택을 선호하는 이유를 이제는 몸이 먼저 아는 것 같다. 우리 인간이 자연에서 와 자연으로 돌아감을 몸이 스스로 알고 찾는 것이 아닐까. 맨발로 잔디를 밟는 느낌이 서울에서 4만 원짜리 발마사지를 받는 것보다 몇 배는 더 시원하고 좋았다.

칼의 머리 깎기가 시작되자 자기네 마당에서 놀던 옆집 젊은 가족들이 죄다 구경을 나왔다. 금방 출산이라도 할 것처럼 배가 심하게 나온 30대 후반의 옆집 아저씨와 젊고 아리따운 부인, 또 그녀의 남동생과 두 살, 네 살배기 귀여운 딸들이 양떼처럼 줄지어 잔디밭을 건너와 칼과 나를 번갈아 보며 웃었다. 나는 기회를 놓칠 새라 소리쳤다.

"칼의 왼쪽 머리는 내 거니까 건들면 안 돼~!"

순간 모두들 안타까운 칼의 운명에 낄낄거리며 웃기 시작했다. 가까이 다가서면 불룩한 배가 제일 먼저 닿을 듯한 옆집 아저씨는 재미있다는 듯이 한마디 거들었다.

"그래, 이번 기회에 우리도 한 번씩 다 깎아보자!"

칼도 상황이 재미있는지 며칠 동안 집에만 있어야 하게 생겼다며 엄살로 맞장구를 쳤다.

바리캉으로 머리 깎기는 생각보다 쉽지 않았다. '남동생 군대 갈 때 봉사도 할 겸 연습 좀 해둘걸.' 내가 깎아준 칼의 왼쪽머리는 더부룩이 복어 배처럼 떠올랐다. 그러는 동안 좀처럼 보기 드문 광경에 다른 이웃집 어르신들이 정원으로 모여들었고 옆집 아저씨도 이 모습을 카메라에 담느라 정신이 없었다. 그런데 알고 보니 옆집 아저씨는 서른아홉 살, 어여쁜 두 아이의 엄마는 스물두 살이란다. 처음엔 귀를 의심했지만 보아하니 충분히 짐작이 갔다. 가끔 한국 시골에서 보듯 풋풋한 시골 처녀가 고등학교 졸업하자마자 나이 지긋한 동네 삼촌 같은 오빠와 사랑에 빠져 순식간에 결혼한 케이스 아니겠는가.

그런데 힐데가르트의 잘 가꿔진 잔디마당에도 칼의 머리처럼 군데군데 땜통이 생겼다. 한국에는 잔디마당이 드물어 내 호기심이 온통 잔디깎기 기계에 쏠렸는데, 이를 눈치챘는지 착한 칼이 작동법을 알려주었다. 하지만 칼이 눈을 뗀 사이 마당 한컨에서 잘 자라던 채소들은 내가 모는 잔디기계에 허리가 잘려나가고 이불처럼 폭신하던 잔디밭 군데군데에도 커다란 땜통을 만들고야 겨우 전원을 끌 수 있었다. 역시 여행자의 뛰어난 감각으로 나는 물러설 때를 잘 아는 것 같았다.

사진 속의 앉은 분이 칼 할아버지다. 이발을 해주는 남자가 옆집 아저씨고 이를 바라보는 여자가 그의 어여쁜 부인이다.

계속하면 진짜로 정원을 망치겠다 싶어 칼이 오기 전에 재빠르게 옆집 아저씨한테 기계를 넘겼다. 예상대로 이날 오후 내내 옆집 아저씨의 뒷통수엔 칼의 날카로운 시선이 꽂혔다.

바비큐를 굽다 말고 친구가 튀니지에서 사왔다는 전통의상으로 갈아입고 나온 칼.

　　　다음날, 유럽의 유목민인 나를 위해 바비큐 파티를 하기로 했다. 음~ 몸보신 시간이다. 나는 아침도 대충 때우고 허기진 채 바비큐가 익기를 기다렸다. 칼은 다정다감할 뿐만 아니라 요리도 잘하는 재주꾼이다. 고기 맛도 좋았지만 의외로 최고의 맛은 바비큐 그릴에 구운 두부 같은 치즈였다. 고기는 한 점으로 끝내고 치즈만 계속 집어드는 나를 보고 칼이 한국에는 치즈가 없냐고 물었다. 장기여행하는 여자들이 보통 살이 빠지지 않는 이유가 아마도 이런 별미 때문이 아닐까. 도무지 포크가 멈출 생각을 안 했다.

　　　한참 바비큐를 굽던 칼이 뭐 좋은 생각이라도 떠올렸는지 갑자기 씨익 웃더니 집 안으로 들어갔다. 5분 만에 다시 나타난 칼은 아프리카 어디선가 봤음직한 큰 포대 같은 통치마를 걸치고 나왔다. 튀니지로 여행을 다녀온 친구가 선물로 사가지고 온 옷인데 오늘 같은 파티에 입고 싶었다고 했다. 힐데가르트와 나는 칼의 장난기와 우스꽝스러운 옷차림에 한참동안 배꼽을 잡고 웃었다. 그러다 개구쟁이 힐데가르트가 갑자기 칼의 옷을 확 뒤집어 짓궂게 장난을 쳤다.

"그나저나 이 양반, 빤스는 챙겨입은 거야? 어디 좀 보자."

축제 취재도 끝내고 작센부르크를 떠나기 전 마지막 밤, 우리는 정원의 식탁에 둘러앉아 이런저런 이야기를 나누며 헝가리에서 칼의 친구가 보내왔다는 직접 만든 백포도주를 앉은 자리에서 두 병이나 해치웠다. 취기가 오르자 칼은 둘째 딸이 결혼할 때 일가친척을 모아놓고 오스트리아의 멋진 성에서 파티를 했다며 앨범을 보여주면서 자랑을 했다. 또 오스트리아에서는 자식이 결혼을 할 때 파티 비용은 보통 부모가 지불하는데 한국은 어떠냐며 궁금해하기도 했다.

이럴 때 가장 많이 쓰는 말, It depends.

경우에 따라 달라서 부모의 도움을 전혀 받지 않고 소박하더라도 스스로의 힘으로 결혼을 하려는 친구들도 많고 부모에게 전적으로 의지하여 결혼하는 사례도 적지 않다고 솔직하게 말했다. 아니, 좀 완화시켜서 대답했다. 아직도 남들의 눈을 의식해 큰돈 들여 호텔에서 결혼하는 사례가 있어 가끔은 화제가 되기도 한다고 했더니, 힐데가르트는 무릎을 치며 오스트리아에서도 마찬가지라며 흥분하기 시작했다. 결혼 이야기는 순식간에 다시 내게로 돌아왔다.

내친김에 한국에서의 재미난 에피소드를 들려주었더니 칼과 힐데가르트는 한국 이야기를 듣는 재미에 푹 빠진 듯했다. 내가 서울에서 한창 일할 때는 귀한 당신 딸의 배우자로 키는 좀 컸으면 좋겠고, 어른도 공경할 줄 알고, 능력도 좀 있으면 좋겠다며 이런 저런 요구사항이 많던 부모님이, 내가 나이 서른을 넘기자 '정 남자가 없으면 외국인도 괜찮다'며 크게 마음을 넓히셨고, 급기야 결혼자금으로 세계일주를 다녀온 다음부턴 '바보라도 괜찮으니 아무나 데려와라'고 하시더라는 이야기를 슬쩍 농담까지 섞어 들려줬더니 칼과 힐데가르트는 마시던 와인을 뿜으며 웃음을 멈추지 못했다. 얼마나 재미가 있었는지 독일어로 자기들끼리 말을 이어가며 즐거워했다. 몇 해 전 자신들도 영국에 사는 딸이 결혼하겠다며 이란인 남자친구를 데려와 무척 당황스러웠다며 옛이야기에 또다시 흥분하기 시작했다. 그러면서 어느 나라나 부모의 마음은 다 마찬가지인 것 같다며 예상치도 못한 오스트리아와 한국의 공통점을 발견하고 좋아했다.

　　자정이 넘어서까지도 이야기는 계속 이어졌다. 칼도 이젠 완전히 나를 친구로 느끼는 모양이었다. 짓궂은 장난은 계속됐다. 갑자기 내 팔뚝을 이리저리 만져보더니 아프리카에선 며느리를 데려올 때 신부 가족에게 소나 염소 같은 가축을 준다며 키득키득 웃었다.

　　"Yoo를 아프리카로 팔면 소 세 마리는 받겠는데."

　　나는 칼의 말에 기가 막혀 마시던 와인잔을 내려놓음과 동시

칼과 힐데가르트가 평생을 함께해온 오스트리아 산골 마을.

에 벌떡 일어나서 소리쳤다.

"뭐? 나를 소 세 마리에 팔겠다고? 안 돼~ 더 받아야지!"

이날 밤 우리의 그칠 줄 모르는 수다는 새벽 3시가 되어서야 끝이 났다. 다음날 아침 일찍 인근의 기차역에서 기차를 타고 스위스를 거쳐 프랑스 남부 몽펠리에로 떠나야 했다.

이날 따라 하늘마저 왜 그렇게 꿀꿀한지 새벽부터 내리던 비가 그칠 줄을 몰랐다. 칼과 힐데가르트는 비로 연착되는 기차역 플랫폼에서 20분을 함께 서서 기다리며 배웅해줬다. 산중에 내리는 빗줄기보다 더 굵은 눈물이 마음속으로 흘러내리는 것 같았다. 지금 떠나면 언제 다시 칼과 힐데가르트를 만나러 올 수 있을까. 내가 잘라준 머리 때문에 칼이 외출이나 제대로 했는지 모르겠다.

"칼, 힐데가르트! 다음엔 짱 좋은 한국 바리캉 사가지고 갈게요."

날 위해 베이비시터가 된 오스트리아 목수

지지리도 청국장 냄새를 싫어하던 내가 청국장보다 더 냄새 지독한 유럽 치즈를 완전히
섭렵하게 된 사연, 바로 한니스라는 친구를 만난 이야기다. 내게 하우스치즈를
만들어주고 염소젖 짜는 법도 알려주던 숲냄새 나는 유럽의 목수.

빈 동남부에 위치한 뫼르비슈 오페라 축제(매년 7월~8월 말)를
취재하기 위해 프란츠 요제프 하이든의 고향인 아이젠슈타트로 향
했다. 이번에도 마찬가지로 현지인과의 짧은 동거를 위해 미리 알
아봐둔 아이젠슈타트 인근의 한 집을 찾아갔는데 워낙 외진 시골이
라 기차를 두 번씩이나 갈아타야 했다. 그곳에서 풀잎처럼 풋풋하
고 투명한 느낌의 목수, 한니스를 만났다.

한니스가 사는 마테스부르크는 빈에서도 지방 여행을 자주 다
니는 어른들에게 물어야 겨우 이름을 들어봤다고 할 만큼 외진 곳
이었다. 교통편도 하루에 두세 대밖에 안 다니는 버스와 로컬 기차
가 전부인데 마을의 중앙역이 열 평도 채 안 되어 보이는 작은 곳

이었다. 그만큼 여유롭고 한적한 오스트리아의 시골 마을로, 산세가 깊어지면 깊어질수록, 교통이 불편하면 불편해질수록 내 마음엔 왠지 모를 푸근함이 넘쳤다. 마테스부르크 역으로 향하는 도중의 다른 기차역들도 작고 외지기는 매한가지라 기차가 정차해도 도무지 내리는 사람을 찾아보기가 힘들었다. 물어볼 사람도 보이지 않고 어디선가 나른하게 졸고 있을 철도원도 눈에 띄지 않으니 아예 기차 문에 기대서서 내려야 하는 역이 어딘지 줄곧 지켜보고 있었다. 기차는 길고 날렵한 뱀처럼, 나뭇잎이 무성한 오스트리아의 숲을 잘도 미끄러져 갔다. 기차 옆으로 끊임없이 지나가던 나무 병풍들이 잠시 끊기는 듯하더니 드디어 내가 내려야 할 성냥갑만한 마테스부르크 역이 눈앞으로 성큼 다가왔다. 기차는 크게 요동을 치면서 조용한 마테스부르크가 유리 항아리처럼 깨져버리기라도 할 듯이 조심스럽게 역으로 들어섰다.

역사에 붙은 주차장에서는 검푸른 풀물이 든 낡은 멜빵바지에 말꼬랑지 머리를 한 남자가 먼지 쌓인 승합차에 몸을 기댄 채 내쪽을 바라보고 있었다. 한니스였다.

좋게 말하면 썩소, 나쁘게 말하면 무뚝뚝한 표정의 남자가 성큼성큼 다가와 두리번거리는 내게 말을 걸었다.

"네가 You지?"

"아니, You가 아니고 Yoo거든! 너는 하네스지?"

"풋~ 아니, 하네스가 아니고 한니스거든."

새벽, 한니스와 함께 농장으로 걸어가는 길은 늘 한 폭의 그림 속으로 동당 빠지는 듯
한 마법의 시간이었다.

뭔가 느낌이 좋은 사람이다. 그러나 유럽의 대도시를 벗어난 곳곳의 시골을 나름 많이 여행해본 나였지만, 한니스의 깡마르고 새카맣게 그을린 얼굴과 방금 전까지 소똥이라도 치운 것처럼 잔뜩 더럽혀진 옷, 약간의 퀴퀴한 냄새에 순간적으로 당황한 표정을 감출 수가 없었다.

'나 미쳤나봐. 여행자가 호의에 감사하지는 못할 망정 이렇게 솔직하게 얼굴에 표내면 어떻게 해. 난 몰라~!'

고마운 줄도 모르고 얼굴로 고스란히 말해버린 방금 전의 만행에 속상해하며 속으로 비명을 질렀다. 한니스에게 서둘러 아니라는 시늉을 해보였지만 소용없었다. 역시 나보다 백 배는 인간적인 한니스는 함께 차를 몰고 숲속의 집까지 가는 동안에도 내가 불편해할까 염려하며 계속 미안해하고 있었다. 그에게 잠시 숲의 냄새가 났다.

한니스는 목수다. 중학교 시절 직업에 대한 영어단어를 외울 때 '카펜터'라는 발음에서 오는 느낌이 좋아 유독 기억에 남았는데 재미있게도 한니스의 직업이었다. 그래서인지 한니스의 집은 겉으로 보기엔 멀쩡했지만 집 안으로는 온통 목조공사 중이었다. 시간이 날 때마다 조금씩 필요한 가구와 문, 창틀, 지붕, 기둥을 직접 만든다고 했다. 내가 머물 손님방은 이미 말끔하게 치워놓았지만, 옆 방은 갓 베어온 것 같은 싱싱한 나무문이 혼자 달랑 서 있고 벽은 미처 완성되지 않아 휑하니 뚫려 있었다. 한니스는 딸의 방에 놓을 옷장을 직접 만드는 중이라며 강남의 고급 어린이 가구점 같은 집 안 이곳저곳을 기쁜 마음으로 안내해주었다. 옷장을 다 완성하면 다음은 2층으로 올라가는 계단을 다시 만들 거라고 했다.

'뭐, 계단을 만든다고?'

한니스는 마치 종이접기 놀이 얘기라도 하는 듯 아무렇지 않게 말했다. 그의 집에서 머물던 며칠 동안 내가 앉아 작업을 했던 책상, 식탁, 마당의 의자, 차를 마시며 바라보던 내 방 창틀까지 모두 그의 손으로 정성껏 깎고 닦아 만든 거였다. 결코 화려하진 않지만 온 집 안 구석구석에 배인 한니스의 땀과 정성이 그대로 느껴져 마치 성지 같다는 느낌마저 들었다. 한니스가 만든 나무 가구들 어딘가에서 금방이라도 빨간 구두의 피노키오가 뛰어나올 것만 같았다. 목수란 직업이 이름만 멋있는 게 아니라 정말 실용적이고 훌륭하다는 생각을 왜 미처 못했을까? 지난 세계일주 때부터 몇 년간 각 나라의 가정에서 짧게나마 함께 생활해볼 기회가 많았는데 집과 가구, 드나드는 문, 심지어 창틀까지 직접 만들어 살고 있는 한니스의 집은 일찍이 경험해보지 못한 아주 특별한 공간이었다.

'아름다운 바다만 바라보고 사는 어촌 사람들 중에는 절대로 악인이 날 수 없겠구나'라고 생각한 적이 있었는데, 한니스의 땀이 고스란히 어린 소중한 집을 보니 목수라는 직업을 가진 사람들도 마찬가지라는 생각이 들었다. 사람에 대한 사랑이 없으면 이렇게 아름다운 작품들이 나올 수 없을 테니까 말이다. 아마도 한니스의 고운 마음속에 푸르른 나무들이 함께 자라고 있는 모양이다.

한니스는 짬을 내어 집 근처에 밭도 가꾸고 그 한켠에 허름한 농장을 만들어 돼지, 염소, 양, 닭 등 수십여 마리의 가축까지 키웠다. 시골살이에 작은 농장을 가꾸면 자급자족에 큰 보탬이 될 터였다. 그러나 그 수고로움은 끝이 없었다. 매일 아침저녁으로 인근 다른 농장의 빈터에서 자라는 풀을 베어와 가축들 먹이를 줘야 했고 수시로 우리 청소도 해주어야 한다. 그렇게 노력과 정성을 들여 키운 자식 같은 가축들이 선물하는 따뜻한 달걀과 우유, 고기로 매일 이방인인 나의 허기를 채워줬다.

그럼에도 불구하고 솔직히 검은 돼지똥과 염소똥이 여기저기 뒤범벅이고 퀴퀴한 냄새에 꿀벌만한 왕파리들이 날아다니는 가축 우리에 들어가고 싶은 마음은 추호도 없었다. 하지만 또 좀처럼 만날 수 없는 기회라 사진은 꼭 남겨야겠다는 생각이 들었다. 한니스에게 허락을 받고 갓 태어난 오리가 엄마를 쫓아다니듯 며칠 동안 한니스의 뒤를 졸졸 따라다니며 귀찮게 했다.

그런데 혹시 동물들이 내 순수하지 않은 마음을 읽은 것일까? 염소 우리에 들어가자마자 까만 염소 가족이 이유 없이 나를 경계하더니 내가 주는 풀은 먹지도 않았다. 거기다 덩치가 돼지보다 더 큰 양이 사진을 찍는 동안 내 허리띠를 꽉 물어버리는 바람에 이를 뿌리치느라 풀밭에 나둥그러지기도 했다. 기겁을 하고 일어나 보니 내 등에는 초코볼처럼 생긴 동글동글한 염소똥이 세 개나 붙어 있었다.

역에서 처음 만났을 때의 나처럼 한니스도 참을성 없게 터져

나오는 웃음을 막지 못했다. 도시에서 온 얌체티를 내고 싶지 않았는데 이미 폼은 구겨질 대로 구겨져 나중에는 마른 염소똥과 풀들이 뒤엉킨 바닥에 앉아 인형 같은 아기염소를 안고 억지로 풀을 먹여주기도 했다. 그 와중에도 뚱뚱보 양들은 금박이 달린 내 허리띠를 먹고 싶어 안달이 났다. 한니스에게 들어보니 이렇게 큰 양은 고기를 얻기 위한 식용이고 보통 우리가 그림 속에서 보는 하얗고 예쁜 작은 양들은 젖을 얻기 위한 양이라고 했다. 뒤에 실린 양 사진이 한니스의 아름다운 들녘 농장에서 찍은 것이다. 유독 내 허리띠를 노리는 험상궂은 양에게 한마디 했다.

"너 식용이라며? 자꾸 이러면 한니스한테 일러서 저녁상에 올린다~!"

한니스의 집에서 머물던 첫날부터 식욕은 계속 늘어만 갔다. 시골이라 그런지 치즈맛이 어째서 그토록 구수하고 신선한지, 매일같이 빵보다 더 많은 치즈를 먹어댔다. 말은 하지 않았지만 한니스가 한국 여자들은 원래 이렇게 많이 먹나 하고 흉을 봤을지도 모르겠다. 흠, 헌데 며칠 만에 늘어만 가는 식욕의 원인이 밝혀졌다. 내가 먹던 두부보다 더 두부 같고 하얗디 하얀 신선한 치즈는 한니스가 매일 새벽 직접 염소젖을 짜서 만든 하우스치즈였다. 어쩐지 그 맛있는 치즈에 촌스러운 소쿠리자국 같은 흔적이 있어 이상하다고 생각하던 차였다.

다음날 아침 한니스를 따라 염소우리 깊숙한 곳까지 들어가

하얀 두부 같은 치즈에 촌스러운 소쿠리
자국이 보이나요?

난생처음 살굿빛이 도는 염소의 젖을 직접 짜보았다. 먼저 능숙한 솜씨로 한니스가 커다란 엄마염소의 젖을 양동이에 가득 짰다. 놀라웠다. 하얀 염소젖이 눈앞에서 생겨나다니 너무도 신기했다. 양도 의외로 많았다.

'별로 크지도 않은 염소한테 무슨 젖이 저렇게 많이 나오나?'

믿겨지지 않아 조용히 한니스에게 물었다.

"한니스, 너무 많이 짠 거 아니야? 염소 말라 죽겠다!"

한니스는 또다시 웃음을 참아가며 아니라고 손을 흔들어 대답해주었다. 이번엔 내 차례였다. 한니스가 시키는 대로 자세를 잡고 먼저 염소의 등을 쓰다듬어 안정시킨 다음 양동이를 대고 한니스의 신호를 기다렸다. 천천히 시작하라는 말에 손에 힘을 꽉 주니 물풍선에서 물이 찍 새어나오듯이 염소젖이 내 주먹 밑으로 흘러나왔다.

맙소사! 신비 그 자체였다.

그런데 뭔가 불편한지 염소가 자꾸 움직이며 빠져 나가려고 했다. 혹시 아파서 그런가 싶어 힘을 살짝만 주었더니 젖은 짤 때 빨리 짜야지 나처럼 겁내면 젖도 안 나오고 염소가 짜증낸다며 한니스가 또 피식피식 웃었다. 사실 나는 어릴 적 외갓집에 놀러갔다가 주욱 늘어나는 쫀드기 과자를 커다란 숫소에게 주다가 소의 꼬리에 맞아 나가떨어진 적이 있어서 지금도 극도로 몸을 사리고 있었는데 어느덧 이 신비감에 완전히 빠져들고 말았다. 정말 자연의 신비는 위대하지 않은가. 돈도 안 췄는데 이런 초원에서 하얀 염소젖이 매일같이 쏟아지다니 말이다. 가져간 금속 양동이에 염소젖이 물총처럼 채워지는 소리는 먹지 않고도 허기가 채워지는 풍요로움의 상징 같았다. 아직 해가 나지도 않은 어둑어둑한 새벽인데다가 소중한 젖을 짜는 숭고하고 민감한 작업인 만큼 한니스와 나는 조용하고 차분한 분위기를 유지하려고 애썼다.

　이날 아침식사는 내가 짠 염소젖을 뜨끈하게 데워 빵과 야채를 곁들인 수프로 마련했다.

　한니스의 치즈는 감히 값을 매길 수 없을 것 같다. 색도 향도 없는 단백질 덩어리의 순박한 가정용 치즈였지만 맛과 입안에서의 느낌, 어느 면으로 보아도 이보다 더 좋을 순 없었다. 지금도 매일 아침 한니스가 직접 만든 커다란 나무 테이블에 앉아 솜덩어리 같은 한니스표 치즈를 가볍게 썰어 입에 넣던 순간이 꿈결처럼 떠오른다. 그때 채 양말도 신지 않은 나는 염소보다 큰 한니스의 애완견 럭키를 탁자 밑에 눕히고는 내 짧은 발가락으로 럭키의 털을 간지럽히며 발밑의 허전함을 달랬다. 살아 있는 양탄자 같은 럭키는 늘 따뜻해서 좋았다.

요~ 요~ 가운데 귀가 제일 큰 양 녀석이 내 허리띠를 잘근잘근 씹어먹던 그 녀석이다.
덩치도 얼마나 큰지 꼭 사람이 양가죽을 뒤집어 쓴 것처럼 보였다.
양이면 양답게 좀 작고 하얀 솜사탕 같은 맛이 있어야지 말이야.
그래서…… 더 그립다.

매일 아침 맛있는 염소젖 치즈를 먹으며 너무나 즐거워하는 나를 보고 한니스도 함께 기뻐했다. 그런 나를 질투라도 하듯 발밑의 털복숭이는 이따금씩 발가락으로 살을 꼬집기라도 하면 젖은 코와 주걱만한 혀로 순식간에 나의 발목을 적시곤 했다.

그런데 한 가지 문제가 생겼다. 급한 일정으로 초등학교 교사인 한니스의 예쁜 아내와 딸이 차를 끌고 바로 이웃나라인 슬로베니아로 가야 했다. 아쉬웠지만 진짜 문제는 갑자기 쓸 수 없게 된 자가용이었다. 자가용이 없으면 동네 밖으로 움직이기가 어려웠다. 너무 시골인 탓에 내가 취재해야 하는 푀르비슈와 장크트 마르가레텐(매년 7월~8월)으로 가기가 무척이나 번거롭게 되어버렸다. 마테스부르크에서 두 시간쯤 떨어져 있는 곳인데 기차는 아예 없고 버스는 한두 대 있지만 그나마도 주말이라 시간을 맞추기 어려웠다. 거기다 축제 공연이 끝나는 한밤중이 되면 교통편이라고는 아예 찾아볼 수도 없었다. 한니스의 집을 떠나거나 아니면 누군가 나를 아침저녁으로 데려다주고 데리러 와야 했다. 아무리 노는 게 좋아도 일은 하고 놀아야 하는 법. 천사 같은 한니스는 어찌할 바를 모르며 나보다 더 심각하게 고민했다. 일도 중요했지만 소중한 추억을 만들어주고도 미안해하는 한니스의 얼굴을 보니 더 이상 문제를 남겨놓고 싶지 않았다. 나는 잠시 생각한 뒤 안타깝지만 이번 축제는 포기하기로 마음먹었다.

그런데 두 시간쯤 지났을까? 자기 방에 틀어박혀 반나절을 고

심하던 한니스가 여기저기 전화를 하더니 웃으며 달려나와 이틀 동안 친구의 차를 빌렸다며 자랑을 했다. 미안한 마음에 그렇게까지 무리하지 않아도 된다고 사양했지만 한니스의 고집은 꺾을 수가 없었다. 유럽의 시골에선 어느 집이나 자가용이 없으면 움직일 수 없으므로 차를 이틀 동안 빌린다는 게 쉬운 일이 아니었다. 어쨌든 너무나 좋은 기회를 만들어준 한니스 덕에 나는 아침저녁으로 편안하게 자가용 픽업을 받으며 오스트리아 오페라 축제를 맘껏 즐길 수 있었다. 한니스는 전부를 주고도 더 주지 못해 미안해하는, 참으로 보기 드문 사람이다.

숲의 나무처럼 맑고 순수한 한니스를 어쩌면 좋을까. 떠나오기 전날 밤, 마지막 만찬을 즐길 때 차를 이틀 동안이나 빌린 대가가 무엇이었는지 알게 되었다. 친구가 이틀 동안 불편한 대중교통을 이용하는 대신, 며칠 후 바쁜 일정에 아이들을 어딘가 맡겨야 했는데 그때 한니스가 두 아이를 하루종일 봐주기로 했던 거였다. 아무리 정해진 일과가 없는 목수라지만 나를 위해 이틀씩이나 베이비시터를 자청했다니 기가 막힐 노릇이었다.

한니스에게 사정을 듣는 순간 기겁을 하고 일어섰지만 일은 이미 끝난 다음이었다. 백번 미안하고 천번만번 고맙다는 말 이외에 할 수 있는 것이 없었다. 그렇게 무겁고 뜨거운 마음으로 마지막 인사를 나눴다.

지금도 이따금씩 메일을 주고받으며 안부를 묻는 좋은 친구

한니스 덕에 찾아볼 수 있었던 장크트 마르가레텐 오페라 페스티벌의 공연 마지막 장면이다.
한국의 축제들도 이것저것 잡다하게 늘어놓기보다는 선택과 집중을 통한
양질의 콘텐츠 개발이 중요하겠다는 생각에 더욱 크게 박수를 쳤다.

가 된 한니스, 여전히 매일 새벽 염소젖을 짜고 치즈를 만들고 틈틈이 가구들도 만든다고 한다. 얼마 전에는 멋드러진 나무계단을 드디어 완성했다며 기뻐하는 한니스의 메일도 날아들었다. 한니스는 여전히 그 사랑스런 숲에서 나무와 가축들과 함께 살아가고 있다. 바람이 불면 그저 바람을 맞아주던 그때의 모습처럼 자연에 섞여 살고 있나보다.

사람은 기쁠 때나 슬플 때면 자신도 모르게 고함을 치거나 북받치는 감정을 남들과 나누려는 경향이 있다. 그러나 일정 수준을 넘어서면, 아예 말문이 막히게 된다. 한니스와 함께했던 마테스부르크의 숲을 떠나온 뒤 나 또한 그렇게 얼마동안 말을 잊고 살았다. 그 어떤 말로도 내가 느낀 감동을 충분히 표현할 수 없거니와 마치 나무가 되라는 무언의 지령을 숲의 정령에게서 받은 것 같은 묘한 느낌 때문이었다. 한니스처럼 은은한 향기를 뿜는 사람이 되고 싶다. 갑자기 궁금해졌다. 내게도 향기가 있을까? 나도 누군가에게 잊지 못할 한니스가 되어준 적이 있을까? 🎕。

스위스 시골 기차역에서
통곡한 사연

그날 밤 내가 위험천만한 실수를 하지 않았다면 오늘의 추억이 만들어졌을까?
함박눈 쌓이던 그 밤에 천사가 나타나주었을까? 아직까지 그 취기가 가시지 않는
지상 최고의 와인을 마실 수 있었을까?

스위스 국경 근처의 아주 작은 마을, 나는 문이 굳게 닫힌 외 딴 건물 앞 화단에 쪼그리고 앉아 있다. 옆집의 숟가락이 몇 개인지 도 당연히 알아야 할 듯한, 언뜻 보기에도 집이 몇 채 안 되는 마을 이다. 아름다운 전원 풍경으로 유명한 스위스답게 이곳도 산 위 여 기저기에 그림 같은 가옥들이 뾰족뾰족 솟아 있다. 꼭 스머프 마을 에 핀 빨간 버섯 같다. 외지인이 찾아올 리 없는 마을에 자그마한 동양 여행자가 빈집 앞에 쭈그리고 앉아 있으니, 오가던 동네 사람 들이 이상하게 쳐다보는 건 두말하면 잔소리다. 나는 어색하게 씨 익 웃어 보이며 중얼거렸다.

"실컷 쳐다보세요. 대신 건들지는 마세요. 확 울어버릴 테니까."

이야기는 2년 전 세계일주 때로 거슬러 올라간다. 11월 말쯤 체코 프라하에서 유럽의 지붕이라 일컬어지는 스위스 융프라우요 흐로 가야 할 일이 생겼다. 평소라면 프라하에서 독일 뮌헨을 거쳐 취리히로 곧장 가면 되는, 그다지 어려운 코스가 아니다. 헌데 체코 에선 폭설이 내려 무조건 남쪽으로만 내려가야 했고 때마침 독일 에선 사흘째 철도가 파업 중이라서 독일 쪽으로 간다 한들 갈아탈 기차가 없었다. 눈 덮인 프라하, 그리고 좀처럼 가기 힘든 체코 남 부 지역을 볼 수 있는 것 빼곤 마음에 드는 게 하나도 없었다. 그러 나 장시간 이동하는 것쯤은 이력이 난 나이기에 조금 돌아가는 코 스 정도는 전혀 거부감이 없었다. 아침 7시, 프라하를 출발 오스트 리아 남부로 빙 돌아 총 아홉 번의 환승을 하고 다음날 점심때쯤 인 터라켄에 도착하는 기차여행 스케줄표를 받아냈다.

하루종일 돌고 돌아 새벽 1시.

서부 오스트리아에서 스위스 국경을 넘어오자마자 어느 지방 역에서 내려 취리히행 기차로 갈아타야 했다. 새벽부터 일어나 연 신 기차를 갈아타고 환승역과 시간을 촘촘히 따져가며 온종일 달려 온 터라 이미 머릿속은 뿌연 안개처럼 몽롱한 상태였다. 내가 탄 기 차는 또다시 어느 작은 간이역에 잠시 정차했다. 기차가 정차할 때 마다 반복되는 영화처럼 누군가는 내리고 또 다른 누군가는 기차 에 새로 올라탔다. 잠시 후, 기차가 또 다른 기차역에 정차했을 때 였다. 도착 예정 시간이 10분쯤 남았는데 내가 환승해야 할 역의 이름이 플랫폼 간판에 씌어 있는 것이 순간적으로 눈에 들어왔다. 조금 이상하다 싶었지만 반사적으로 일어나 급히 가방을 들고 기차에서 내렸다. 다행이었다. 환승을 위한 시간이 겨우 6분밖에 되지 않아 긴장해야 하는 타이밍이었는데 어쩌자고 딴생각을 하고 있었는지 잠시 자책을 했다.

헌데 좀 이상했다. 아무리 한밤중이라지만 환승역인데 승객이 단 한 명도 보이지 않았다. 그뿐 아니라 역원도 없고 역사도 없고 휑한 들판에 황량하기만 했다. 플랫폼 앞과 끝에 주황색 가로등이 각각 한 개씩 있을 뿐 변변한 건물조차 보이지 않았고 저쪽 건너편에 창고 같은 1층짜리 낡은 건물만 달랑 서 있었다. 마치 폐쇄된 기차역 같았다. 너무나 적막하고 비정상적인 기차역 분위기에 순간 뭔가 문제가 생겼음을 직감으로 알 수 있었다. 플랫폼 앞머리의 가로등 아래에 다행히 기차 시간표가 걸려 있어 한참을 들여다보았다.

맙소사, 잘못 내렸다. 설상가상으로 좀 전에 내가 타고 온 게 이 역을 지나가는 오늘의 마지막 기차였다.

Yoo! 정신 차리자. 지금은 새벽 1시다. 기차는 끊겼고 역은 폐쇄된 듯했으며 멀리 보이는 신작로에도 인적이 없었다. 새벽 첫차는 6시 10분. 기차를 놓친 것은 둘째치고 그때까지 안전하게 머물 어딘가를 찾아야 했다. 상황을 보아하니 내가 내린 기차역과 내렸어야 할 기차역 이름이 비슷했다. 예를 들면 '빈역' '빈 센트럴역', 이런 식으로 차이가 있는 것을 미처 확인하지 못하고 그냥 '빈'만 보고 내린 셈이었다. 온갖 잡다한 걱정들이 한꺼번에 스쳐갔다.

스위스 베르비에 페스티벌. 매년 7월 중순에서 8월 초에 열리는 클래식 음악 축제이다.
사진 Music and Mountains ⓒ Mark Shapiro

'그래도 그렇지, 어쩌면 이렇게 쥐새끼 한 마리도 안 보이는 거야. 나는 어쩌라고.'

상황 파악이 되자 슬슬 겁이 나기 시작했다. 보통 다른 역 같으면 기차를 놓쳤어도 역사 안에서 기다리면 될 텐데 역사는커녕 역원조차 없는 캄캄한 역에서 혼자 앉아 있는 것은 너무 위험한 일이었다. 집도 절도 없는 시골역에 새벽 1시에 혼자 남겨지다니…… 이를 어찌해야 할까.

일단 건너편의 낡은 창고 같은 건물에 가보기로 했다. 폭설에 파묻혀 레일조차 보이지 않는 낡은 기찻길을 네 줄이나 가방을 들고 가로질렀다. 사방은 이미 캄캄해서 돌아다니기도 어렵고 어떻게 해서든 빨리 사람을 찾는 것이 내가 안전할 유일한 방법이지 싶었다. 가로등 불빛도 미치지 않는 곳이어서 진짜 창고인지 사무실인지 분간조차 되지 않았지만, 역에 건물이라고는 그거 하나뿐이니 숙직하는 사람이라도 있길 바라며 가보기로 했다.

우려한 대로 한참 문을 두들겨도 답이 없었다. 혹시 자고 있는 건 아닐까 싶어 창문에 얼굴을 붙이고 계속 안을 살폈다. 건물 안은 아무 소리도 없이 캄캄했고 빛이라고는 소화전에서 나오는 빨간 불빛이 전부였다.

'소화전이 있는 건 사무실이란 뜻인가? 보통 창고에도 소화전이 있던가? 전등을 끄고 안쪽 방으로 들어간 걸지도 몰라.'

몇 분이 지났을까. 창고 안에 보이는 것이라곤 소화전의 빨간 불빛밖에 없던 터라 나도 모르게 그것만 가만히 바라보고 있었다.

행여 누가 눈을 비비며 나올지도 모른다는 생각에 창문에다 얼굴을 들이밀고 한참 소화전 불빛 쪽만 바라보고 있는데, 순간 흩날리던 눈과 함께 차가운 바람이 캄캄한 역 전체에 휘~잉 하고 불었다. 갑자기 얼굴에 찬바람이 닿자 창고 안의 빨간 빛이 순간적으로 흔들렸다. 그제야 정신이 번쩍 들었다. 뭔가에 홀린 것 같았다. 아차 하는 생각에 몸을 돌려 어둡고 황량한 역을 돌아보니 지금 이 상황이 소름 끼치도록 무섭다는 생각이 들었다.

여긴 진짜 창고였다. 순식간에 싸늘한 기운과 공포가 온몸을 감쌌다. 새벽 1시에, 캄캄한 시골 기차역에서, 그것도 인적도 없는 창고건물 처마 밑의 어둠어 파묻혀 소화전의 빨간 불빛을 바라보고 있는 나. 이 정도면 딱 귀신이 나올 분위기 아닌가. 아니지, 누가 봤다면 오히려 나를 귀신으로 여겼을 판이었다. 그때 과연 내가 제정신이었는지 지금도 의심스럽다. 이제 와 생각하면 당시 소화전의 빨간 불빛 속에 검은머리의 귀신이 나왔어도 나는 '숙직하는 사람인가?' 하고 계속 쳐다봤을 터였다.

가슴이 덜컹 내려앉았다. 빨리 그곳에서 벗어나 가로등이 있는 신작로로 올라가서 사람이든 집이든 찾아야겠다는 생각이 들었다. 언뜻 보기에 집도 많지 않았으니 최후의 방법으론 불 꺼진 가정집 초인종이라도 눌러야겠다고 생각했다. 파자마 차림으로 나올 그 집 사람이 놀라기야 하겠지만 일단 경찰에 신고는 할 것이고 그렇게 되면 경찰이라도 만날 테니까 오히려 바라던 바다. 지금은 차라리 잡혀가는 게 나을 것 같았다. 그렇게 어설픈 계획을 서둘러 짜내며 어두운 역에서 큰 길로 올라가는 동안 사방에 쌓인 눈 때문에 신발과 가방은 젖어갔고 무거운 가방을 끌 때마다 쌓인 눈까지 함께 끌어야 했다.

큰 길에는 가끔씩 자가용들이 한두 대씩 지나가곤 했는데, 나를 수상히 여기고 더 빨리 지나칠 뿐이었다. 내가 얼마나 이상해 보였을지 충분히 짐작이 갔다. 차를 세워줄 가능성은 아예 없었다. 20여 분쯤 지나서 다행히 멀리서 걸어오는 남자 한 명이 보였다. 가까이 오면 도움을 청해야겠다 싶어 슬쩍 남자에게로 다가갔다. 그러나 눈이 마주치는 순간 나는 몸을 돌려 방향을 틀었다. 술 취한 남자였다. 이런 상황에서 술 취한 남자는 더 위험했다. 남자는 잠시 머뭇거렸지만 내가 아무렇지도 않은 듯 딴청을 부리자 다행히 그냥 지나쳤다. 그렇게 30분쯤 눈 쌓인 큰 길을 걷다 만난 한 사람이 언덕을 가리키며 조금 걸어 올라가면 동네 경찰서가 있을 거라고 했다.

거기서부터 나의 진짜 구세주 같은 인연이 시작되었다. 경찰서를 찾아 트렁크로 눈을 끌며 걸어 올라가는데 불이 켜진 한 건물이 보였다. 시간이 더 지나면 그나마 깨어 있는 사람조차 잠들어버릴 테니 일단 불이 켜진 곳으로 가서 사람부터 만나는 게 우선이라는 생각이 들었다. 무조건 1층 문을 열고 들어갔다. 시골의 작은 와인바였다. 동네 사람들을 대상으로 소박하게 운영하는 조그만 레스토랑 겸 와인바인 듯했다. 나를 보자마자 안에 있던 사람들

은 이상하다는 듯 바라보면
서 영업이 끝났다는 시늉을
해 보였다.

그들이 뭐라 하든 나는
듣지 않았다. 가방을 끌고 무
조건 레스토랑 안으로 들어
가 그들 앞까지 갔다. 내 사
정을 이야기하고 환승역까지
갈 수 있는 방법, 아니면 그
동네 사람들이 이용하는 콜

정신없는 와중에 찍은 사진이라 실제보다
좀 덜 천사같이 나왔다. 내 눈엔 등뒤로 투
명하게 빛나는 날개도 보였는데. 왼쪽부터
소믈리에, 와인바 사장님, 요리사다.

택시 번호라도 알려달라고 부탁했다. 사정을 듣자 그제서야 내 딱
한 처지를 이해했는지 따뜻한 차와 식사를 마련해주고 맛있는 와인
을 따라주며 온갖 친절을 베풀기 시작했다. 혹시 문제가 생겨도 재
워줄 수 있으니 염려 말라며 여주인, 소믈리에, 요리사는 번갈아가
며 웃어 보였다. 마치 폭풍우를 만난 산악인이 천신만고 끝에 산장
을 찾아 따뜻한 난로에 몸을 녹이는 드라마 속 주인공이 된 느낌이
었다. 뜨끈한 와인이 들어가니 피로가 한꺼번에 몰려왔다.

알고 보니 멋스럽게 스카프를 맨 여자는 와인바의 여주인이었
고 눈에 장난기가 많던 키가 큰 남자는 이탈리아에서 온 소믈리에
였으며 음식을 만들어주던 다른 한 남자는 요리사였다. 보통은 일
찍 문을 닫는데 이날은 세 명이 오랜만에 조촐한 회식을 하는 중이
라고 했다. 이들도 나를 만날 인연이었던 모양이다.

친절한 여주인은 콜택시를 불러주고 기다리는 동안 이것저것 먹을 것을 챙겨주었으며 한국에 대해 특별히 아는 것이 없음을 오히려 미안해했다. 정신없는 와중이었지만 여행 중에 스친 사람들과는 사뭇 다름을 금세 느낄 수 있었고 삶에 무척 초연한 듯 보였다. 나의 긴 여행 이야기에 일단 한 번 놀라고 이런 예정 없는 불시착

에 당황하는 것이 보통일 텐데, 내 이야기나 본인들의 과거 이야기에도 좀처럼 흥분하지 않았다. 그렇다고 술에 취한 것도 아니었다. 그토록 안정적이고 흔들림 없는 눈은 참 오랜만에 보았다는 생각이 들었다. 그녀는 "사람 사는 데 뭐 특별한 건 없어. 달라 보여도 사실은 다 같은 법이야"라는 논조로 일관했다.

한밤의 마법 같은 사건을 치른 뒤 언제 그랬냐는 듯 화창한 햇살이 찾아왔다. 세상 위로 투명한 수정들이 반짝이는 것 같았다. 어느 것이 진짜 세상이지?

콜택시가 도착하자 여주인은 내게 안에서 기다리라고 하고는 혼자 나가 택시 기사에게 뭔가를 한참 설명하고 돌아왔다. 이런저런 나의 상황을 말하고 정확한 목적지를 이야기하는 듯했다. 잠시 동안의 대화였지만 나는 그녀가 얼마나 꼼꼼하게 상황 처리를 하고 있는지 짐작이 되었다. 밤늦은 시간에 이미 크게 놀랐던 내게 다시 같은 일이 발생하지 않도록 그녀는 내가 가야 할 이동경로 하나하나까지 꼼꼼하게 더듬어 택시 기사에게 일러두는 듯했다. 그사이 안에서는 개구쟁이 소믈리에가 나에게 들려 보낼 샌드위치를 만들고 있었다. 플레이보이처럼 눈웃음을 지으며 장난을 치지만 생각이 깊은 진중한 청년임을 쉽게 눈치챌 수 있었다. 순수함이 눈빛 가득 담겨 있었다. 그러고는 차비에 보태라며 몇십 스위스프랑을 조심스럽게 쥐어주었다. 나는 절대로 받을 수 없다고 손사래를 쳤지만 끝까지 사양할 수는 없었다. 훗날 다시 은혜를 갚을 기회를 엿보는 것이 좋을 듯싶었다.

이렇게 새벽 1시에 유럽의 시골에서 길 잃은 어린 양과 세 명의 천사들은 평생 잊지 못할 소중한 인연을 맺었다.

"이 고마움을 도대체 어떻게 갚아야 하지? 저 사람들 혹시 진짜 천사는 아닐까? 어떻게 새벽에 인적 없는 시골에서 이런 황당한 만남이 있을 수 있지?"

나는 몽유병에 걸린 사람처럼 또다시 혼자 중얼거렸다. 급기야 택시에서 내리는 순간 멍한 표정 속에 감추었던 눈물이 솟구쳤다. 택시 기사는 환승역 플랫폼까지 가방을 들어다주며 택시비는 와인바 주인이 이미 다 지불했으니 조심해서 잘 가라고 대신 인사해주었다. 와인바 주인은 처음부터 그럴 생각이었다. 그래서 택시가 도착했을 때 나보다 먼저 나섰던 거였다. 눈물을 닦는 것조차 버거울 만큼 지쳐 있던 나는 택시 기사가 뒤돌아서던 순간 완전히 무너져내렸다. 더 이상 흐르는 눈물을 참을 수가 없었다. 무엇이 그렇게도 서러웠는지 끊임없이 흐르는 눈물이 너무 많아서 다 닦을 수도 없었다. 그냥 기차역 벤치에 앉아 하염없이 하늘을 보고 울기만 했다. 비교적 여행을 많이 했으면서도 스스로 아무것도 하지 못하는 나는 아기와 다를 게 없었다. 나를 살게 하는 건 내가 아니라 세상이었다.

실컷 울고 나니 또다시 피로가 몰려왔다. 새벽 5시였다. 고요한 기차역 플랫폼에 앉아 가로등 불빛 뒤에 숨은 어둠을 끊임없이 바라보며 쳇기를 내뱉듯 한숨을 내뿜었다. 지금까지 멀쩡하게 해오던 여행이 갑자기 너무나 숭고한 종교처럼 느껴졌다. 종교인들이 말하는 은혜로운 순간을 유럽의 한밤중 까만 허공에서 느끼는 것 같았다. 여행은 혹시 꿈의 일종인가. 불과 네 시간 전엔 그토록 무섭게 경계하던 어둠이 전혀 두렵지가 않았다. 단지 고요하게 잠자는 바다처럼 느껴졌다. 너무나 평온하여 그냥 그대로 어둠 속으로 걸어나갈 수도 있을 것 같았다. 이 세상에서 가장 아름다운 가로등 불빛을 이날 본 것 같다.

내가 탈 기차는 그러고도 한참 후에야 왔다.

2년이 지난 지금, 나는 그 세 명의 천사를 다시 만나기 위해 스위스의 그 와인바 앞에 찾아왔다. 귀국해서도 여러 차례 연락을 시도했지만, 이상하게 연결이 되지 않아 안타까우면서도 혹시 무슨 일이 있는 건지 걱정이 되었다. 그래서 무작정 찾아와 본 거였다. 고맙다는 말도 해야 했고, 잠시 도움을 준 나그네가 그 고마움을 잊지 않고 다시 찾아오면 얼마나 기뻐할지 그들을 크게 놀래켜 주고도 싶었다. 그때 여행자였던 내게 얼마나 절실하게 고마운 존재였는지 한 마디 한 마디 진심을 담아 말해주고도 싶었다. 장난꾸러기 소믈리에한테는 오히려 내가 장난을 치며 어설픈 와인 강의도 해보는 여유를 부려보고 싶었다. 소중한 나의 인연들에게 언제가 되든 한국의 내 집을 방문할 수 있는 평생이용권도 만들어주어 흐뭇하게 해주고 싶었다. 그네들이 당시의 나를 얼마나 울게 했던지 말해주고 싶었다. 아니, 사실은 그들이 나를 얼마나 강하게 만들었는지 말이다.

　　그런데 없었다. 2년 만에 어렵게 다시 찾아왔는데 추억의 와인바는 이미 없었다. 가게는 오래 전에 문을 닫았다고 했고, 주인이 어디로 떠났는지는 알 수 없었다. 꼭 해야 할 말이 있는데…….

　　"어질고 어진 와인바 사장님, 윙크 잘하던 개구쟁이 소믈리에 아저씨, 그리고 요리사님, 세 분 진짜 천사 맞죠? 그래서 사라진 거죠? 그날 제게 주었던 와인 기억나세요? 얼마나 풍미가 강한지 지금까지 취기가 가시지를 않네요. 만약 제가 죽기 전에 딱 한 잔의 술을 마신다면 저는 기꺼이 세 분을 초대할 거예요. 우리 그날처럼 술 한잔 하지 않을래요?" 🍷。

밥그릇 엎던 스위스 친구, 라고

스위스의 호스텔에서 만난 취리히 출신 라고는 여행 중에 만난 가장 재미있는 친구다. 라고는 오타가 아니고 개구쟁이 같은 그녀의 캐릭터를 꼭 닮은 진짜 그녀의 이름이다. 라고~, 라고~.

라고는 프랑스어와 영어, 독어를 섞어 쓰는 스위스에서 말이 안 통할 때마다 대신 나서서 온갖 문제를 해결해주고 숙소에선 줄곧 재미난 이야기를 들려주었다. 특히 주방이 없는 호스텔 방에서 과감하게 파스타를 요리해 먹던 배짱 좋던 라고는 호스텔 내에서 수시로 말썽을 일으켜 나의 웃음보를 몇 번씩이나 터트려놓곤 했었다.

Before

그녀와의 이별을 하루 앞둔 저녁, 라고가 또 호스텔 방에서 뭔가 이름 모를 요리를 만들어주었다. 그녀의 버짱은 타의 추종을 불허했다. 호스텔 주인에게 들키기 전에 냄새를 빼겠다며 라고는 침대 시트를 펄럭거리며 웃지 않고는 못 배기는 스위스식 망나니춤까지 선보였다. 나는 침대에 걸터앉고 그녀는 테라스가 있

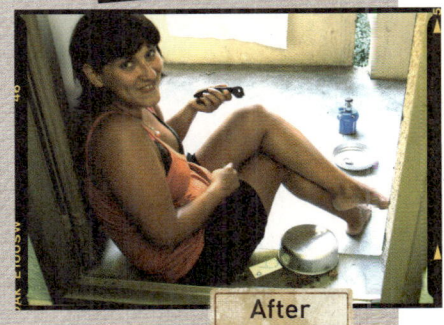

After

는 문턱에 걸터앉아 냄비째 마지막 만찬을 즐기고 있는데 라고가 냄비의 손잡이를 잡고 웃다 냄비 손잡이가 빠져 음식이 냄비째 엎어지고 말았다. 스스로도 그 상황이 코믹했는지 한국의 친구들에게 추잡한 스위스 걸의 비포 앤 애프터를 꼭 소개해달라며 마지막 애드립을 잊지 않았다.

늘 즐겁고 유쾌한 스위스의 라-고, 너무 그리운 girl~!

Festival in Europe

유럽에서 만난 다양한 축제

● 스위스 취리히 – 프리스타일

이런 생동감 넘치는 도시! 아찔하다. 스위스 대표 도시 취리히는 아름다운 호수 공원과 자연경관으로 이미 유명 관광지다. 그러나 그게 전부가 아니다. 일년에 한 번씩 BMX자전거, 스노보드, 스케이트보드, 인라인스케이트 등 젊은이들이 즐기는 주요 스포츠를 중심으로 한 열기 넘치는 최고의 이벤트 축제 '프리스타일'이 열린다. 느낌도 스타일도 그야말로 자유 그 자체다.(매년 9월 마지막 주말)

● 프랑스 샬롱 장 샹파뉴 – 퓨리에 축제

처음엔 지명 이름인지 관광지 패키지 이름인지 구분이 안 됐다. 이런 작은 마을에서 이렇게 화끈한 야외 공연축제가 벌어진다는 것도 놀라웠고 동네 사람들이 요리조리 공연시간표를 따라다니는 것도 너무 보기 좋았다. 아니, 사실은 축제에 익숙한 그네들의 자연스러움이 배가 아플 만큼 부러웠던 기억이 난다.

프랑스 동북부를 여행한다면 퓨리에 축제를 찾아보세요!(매년 6월 상반기, 일주일간)

● 슬로베니아 류블랴나
  – 국제거리극축제

슬로베니아의 최대 축제는 음악공연이 주
를 이루는 류블랴나 페스티벌이다. 내가 갔
을 땐 이 나라 대통령까지 와 있었다! 그러
나 그게 전부가 아니다. 나라가 도와주고
시가 끌어주는 그런 조건 좋은 축제가 열리
는 곳 바로 옆 동네에서는 이름도 없이 그
저 솔직한 '끼'로만 뭉친 빈티지 거리극축
제가 열리는데 그 서민적인 야외놀이의 맛
이 또 일품이다.

슬로베니아 수도 류블랴나에서 매년 여름 4
일간만 열리는 국제거리극축제, 꼭 한 번 가
보시라니깐요.(매년 7월 초, 10일간)

●이탈리아 토레델라고 – 푸치니 오페라 페스티벌

이탈리아 중서부 토레델라고는 그야말로 이탈리아 사람들이 가장 사랑하는 해양 도시다. 문화와 패션의 중심 이탈리아에서 휴양도시라 하여 그냥 휴식만 취한다면 이탈리아 사람이 아니겠지? 매년 여름 이곳에서 열리는 푸치니 오페라 페스티벌은 티켓을 구하기도 힘들 정도로 인기가 높다.

오페라는 자주 접해보지 못해 부담스럽다구요? 일단 한 번 가보세요. 그 공간에 있는 것만으로도 그네들이 무얼 상상하고 즐기고 감동하는지 느끼고 쉽게 빠져들 수 있을 테니까요.(매년 7월~8월)

Culture

유럽에서만 일어나는 대략난감 사건

ENTRY CERTIFICATE

Valid for presentation in
The United Kingdom

UK   UK

Signed   Stamp of
                      issuing post

Date of
issuance

엣지 넘치는
유럽의 금요일 밤

유럽 친구들이 놀 땐 얼마나 기가 막히게 노는지 그 경험만 모아 책으로 쓰라는 강력한
권유도 받았다. 그러나 대일 그녀들의 놀이를 쫓아다니기엔 체력과 자질이 부족한지라
놀이 문화를 슬쩍 엿보는 수준에서 만족해야 했다. 어쩌면 그렇게들 화끈한지…….

　　　영국, 독일, 스페인, 한국, 터키, 스웨덴…… 여자 여섯 명이 모
였다. 나만 빼고 다 멋지고 키도 훤칠하니 S라인이다. 나도 나름 'S'
라인이지만 의미가 다르다. 나는 Sorry line이다. 유럽의 금요일엔
모든 젊은이들이 춤추기 좋은 나름의 패션으로 중무장을 하고 거
리로 나선다. 일 관계로 알게 된 스웨덴의 애나, 이스탄불에서 만찬
을 선사하던 댄서 출신 다이야 그리고 이곳 바르셀로나에 사는 매
테와 그녀의 친구들이었다. 하나같이 감각 있고 자신만만하며 웃음
소리도 커서 딱 내 스타일이었다. 아예 집에는 들어갈 생각도 말아
야 하는 금요일 저녁인데다가 언뜻 보아도 쑥스러움이라고는 태어
날 때부터 상실한 종족들이라 저녁을 먹기로 한 레스토랑에서부터

분위기는 심상치가 않았다.

유럽에서 금요일은 클럽데이 또는 쓰러져도 되는 날이라고 보면 된다. 오늘이 바로 그 금요일이다. 사실 한국에서도 마찬가지지만 유럽에선 절대로 말짱한 정신에 클럽 가는 일이 별로 없다. 아니, 그런 보이지 않는 룰을 따른다기보다는 저녁식사를 할 때부터 물 대신 알코올을 주구장창 마셔대기 때문에 클럽에 가는 시간이 되면 음악 없이 길거리에서도 막춤을 출 수 있을 만큼 만취 상태가 된다. 베를린, 암스테르담, 바르셀로나, 런던, 파리 등 유럽의 유흥도시 어디에서나 밤이 되면 술 취한 젊은이들이 맥주 혹은 보드카를 병째 들고 마시며 거리를 배회하는 모습을 쉽게 볼 수 있다. 이를 바라보는 정신 말짱한 어르신들이 고개를 설레설레 휘저으며 '저 정신 나간 것들!'이라고 혀를 차며 지나가는 것도 한국과 똑같다.

우리는 저녁식사를 주문해놓고도 세상에서 제일 재미있고 흥미진진한 우리 여자들의 이야기를 하느라 음식은 제대로 맛볼 틈조차 없었다. 음식이야 아무래도 좋았다. 여기저기서 지방방송과 중앙방송이 수시로 겹쳤고 누군가 "오우~!" 하고 놀라기라도 하면 순간적으로 무슨 얘기냐며 다들 고개를 모았다가 또 흩어졌다. 아마 각국에서 수다 제일 잘 떠는 대표선수만 뽑혀 나와도 이보다 더 하지는 못할 것 같다. 여섯 명의 인터내셔널한 수다녀들의 목소리가 마치 벌통 속에서 수만 마리 벌이 웅웅거리는 것처럼 들렸다.

새로 사귄 애인 이야기, 바람난 남자친구를 과학 수사대 뺨치

● 가장파티가 열렸던 어느 클럽의 모습 건물을 통째로 빌려서 전층을 파티장으로 쓰는데 그야말로 유럽의 금요일 밤 파티는 'hot'했다.

●● 함께 갔던 친구가 드라큐라 분장을 했는데 맥주를 마실 때마다 이가 빠지곤 해서 폭소를 자아냈다. 얘네들, 진짜- 못 말린다니까~.

게 조사해 사실을 밝혀냈던 이야기, 커튼도 치지 않고 밤마다 환하게 창문을 열어놓는 매너 없는 이웃집 이야기, 요즘 세상에 업무 미팅에서 여자라고 가볍게 생각하는 독일 남자 이야기, 엄마의 세 번째 남편 이야기, 세계의 남자를 전부 만나보려면 나처럼 세계일주를 해야 할 거라는 이야기, 레스토랑에서 밥 먹다가 자기 이를 먹어버린 이야기……. 우리의 수다는 알코올 수위가 올라갈수록 폭발적으로 재미있어졌고 주변에서도 힐끗힐끗 쳐다볼 정도로 왁자지껄했다. 지금도 그때의 상황만 떠올려도 웃음이 나오는데, 내게는 그간의 스트레스를 날려주는 활력소가 되기에 충분했다. 보고 싶었던 친구들을 만나 오랜만에 회포를 푸는 기분으로 지지 않고 열심히 떠들어댔다.

　모두들 충분히 취했다. 아니, 솔직히 이미 몇은 만취 상태였다. 애나가 애꿎은 가로등에 대고 소리쳤다, 클럽은 이럴 때 가는 거라고. 런던에서 클럽 좀 다녔다는 니키가 그 자리에서 춤을 추기 시작했다. 나도 머리를 흔들어가며 기분 좋게 몸을 흔들었다. 동양인이기에 외모상 눈에 띄는 내가 춤을 추면 일단 우리는 어디에서나 쉽게 주목을 받곤 했다. 지나가던 행인에게 박수도 받았다. 나도 취해가고 있었다. 시키지도 않았는데 이미 노래를 한 곡조 뽑았다. 이내 술 취한 수다쟁이 여섯은 고성방가를 하며 클럽까지 뛰다가 걷다가를 반복해가며 행진했다.

　"테킬라 식스!"

스페인의 나름 점잖은 재즈클럽. 유럽에선 클럽마다 나름대로의 박수 대체법이 있다.
이 클럽은 마시던 맥주잔으로 다함께 테이블을 두들겨 관객들끼리 교감하곤 했다.

'플리즈~'는 어디다 흘리고 왔는지 흔적도 없다. 어차피 클럽은 이미 정상적인 대화는 불가능할 정도로 시끄러운 음악으로 쿵쿵대고 모두가 어둠 속에서 서로를 살피느라 수십 개의 눈만 보였다. 이거야 원~. 바르셀로나에는 나쁜 사람들도 많다는데, 누가 나쁜 놈인지 구분할 수가 없으니 참 걱정이지만 나도 이미 그럴 정신은 슬쩍 놔버린 듯하다. 폭음하기로 유명한 런던의 클럽에서 공부 좀 한 니키가 먼저 샀다. 클럽에 오면 먼저 쎈 놈으로 최소 세 잔은 한 방에 마셔야 한다며 싸고 강한 테킬라를 주문한 것이다. 트리플 원샷이다.

눈은 인형 같고 배는 심하게 나온 금발의 니키는 저녁 내내 수다를 떨면서도 티셔츠를 끌어내려 배를 가리더니, 클럽에선 공처럼 튀어나온 배가 바지 밖으로 나와 있는데도 더 이상 가릴 생각조차 않는다. 아무래도 취기에 배가 옷 밖으로 가출한 줄 모르는 것 같다. 나는 오랫동안 술을 마시지 않은 탓에 조심하며 맥주로 버텨왔는데, 스트레이트 잔을 든 채 '탁' '탁' '탁' '탁' 테이블을 두들기며 여섯 명 모두가 준비되기를 기다리는 그녀들의 눈초리에 변명도 할 수가 없었다. 별 수가 없어 '에라 모르겠다' 하고 그냥 마셨다. 그런데 다행스럽게도 오랜 여행으로 몸이 더 건강해졌는지 의외로 괜찮았다.

"에잉! 이 한국적인 것들!"

취중에도 깔끔하게 원샷을 했는지 확인사살까지 하니 참 한국스럽다.

클럽에선 정말 춤을 잘 추는 사람이 아니라면 맥주병을 들고 추는 것이 오히려 자연스러워 보였다. 잘됐지 뭔가. 안 그래도 감각은 없고 예의만 바른 이 뻣뻣하디 뻣뻣한 몸뚱이가 다음에 안 들었는데 맥주병이라도 들고 있으면 사방팔방 흔들어야 하는 손은 좀 덜 뻘쭘하니까. 춤을 진짜 잘 추는 친구들은 모처럼 마음 다잡고 나온 금요일 밤에 온

밤이 되면 술 취한 젊은이들이 맥주 혹은 보드카를 병째 들고 마시며 거리를 배회하는 모습을 쉽게 볼 수 있다.

갖 섹시한 포즈를 완벽하게 취해줘야 하기 때문에 맥주병은 방해물처럼 보였다. 몇 해 전 이태원의 게이바에서 은색 목걸이에 하얀 수건과 반바지 차림으로 춤추던 댄서 이후로 최고의 섹시킹들을 이 날 다 본 것 같다.

나 같은 초보는 쉽게 현장을 포착하긴 어렵지만, 유럽의 클럽에선 환각제 종류도 어렵지 않게 구할 수 있는 듯했다. 내가 훌리건이라고 놀리던 몸집이 집채만한 영국인 친구 에드의 말에 따르면 (실제론 아무리 친해도 훌리건이라는 말을 하는 건 농담으로라도 위험하다. 영국인에게 훌리건은 엄청나게 심한 욕이니 조심하도록) 유럽 대도시의 젊은 친구들은 클럽이나 주변 친구들을 통해 보통 한두 번

씩은 가벼운 약물을 경험한다고 하니 참 심각한 문제다. 그 대표적인 샘플을 코앞에 두고 이야기를 들으니 내 기분까지 묘해지는 것 같았다. 내가 보기에 유럽의 클럽은 가벼운 환각제의 교실 같았다.

버밍험 출신의 이 영국 친구는 고등학교 시절부터 안 가본 클럽이 없을 정도로 런던의 모든 클럽을 휘젓고 다녔다는데 본인은 좋은 추억으로 여기지만, 내가 듣기엔 하나같이 사고쳤던 문제아 얘기였다. 예를 들면 어떤 것은 복용 후 곧바로 효과가 나타나지만 다음날 머리가 심하게 아프고, 어떤 것은 먹고 난 뒤 두 시간쯤 지나야 제 효과를 볼 수 있으며 처음인 친구들은 두통과 구토가 심해 즐길 수 없고, 어떤 것은 유난히 정신적인 환각효과가 커서 경험 없는 친구들이 잘 모르고 먹었다가 사고를 많이 친다는 거였다. 정말인지 아닌지 확인할 길은 없었다. 나는 온갖 환각제의 이름을 들어가며 이것저것 효과를 설명하는 에드의 말을 하나도 알아들을 수 없었다. 그래서 한국에서 크게 문제가 되어 신문지상에 오르내리던 엑스터시는 어떠냐고 물었더니 장난하냐는 듯이 비웃음의 썩소를 지어 보였다.

'짜식, 별걸 다 무시하고 그러네!'

우리는 뉴스에 나오는 몇 가지밖에 모르는데, 유럽에는 뭔가 종류가 엄청 많은 모양이다.

여하튼 나의 동료 엣지녀들은 놀기는 화끈하게 놀지만 다행히 그런 약물 문제는 이미 졸업한 친구들이었다. 그것 하나만으로 내게는 최고의 클럽 친구다. 다행이었다. 유럽의 프라이데이 나이

흔하진 않지만 여건이 되는 친구들은 배를 빌려 선상 술파티를 벌이기도 한다. 대낮
부터 광란의 알코올 질주를 하고 있는 유럽 젊은이들이 카메라를 향해 독특한 인사
를 해왔다.

트 피버는 충분히 위험할 수도 있으니 반드시 믿을 만한 파트너와 동반하는 것이 좋다. 몸도 취하고 마음도 취하고 기분도 죽여주는 유럽의 금요일 밤. 조심해야 할 것들이 수두룩하지만, 뭔가 시원한 폭발과 환호가 느껴지는 짜릿함이 있다. 특히 유럽의 클럽에서 온몸을 휘감듯 들려오는 리드미컬한 전자음의 매력은 가히 환상적인 맛이다. 밤새 춤추고 마시며 한 주 간의 스트레스를 시원하게 털어버리는 유럽의 미친 금요일이 나는 마음에 든다.

새벽 4시. 날이 밝아오자 모두들 유령처럼 허연 얼굴에 짙은 눈화장은 흉물스럽게 번져서 뭉크의 〈비명〉보다 더 처참해 보였다. 밤을 꼬박 지새우면서도 누구 하나 이탈하지 않은 우리 여섯 걸들은 서로의 망가진 모습을 마치 거울을 보듯 바라보며 배시시 웃었다. 꼭 흙 묻은 판다곰떼처럼. 그렇게 또 한 번의 금요일 밤을 보냈다. 헤어지는 인사 겸 내가 매테에게 물었다.

"우리 지금 자면 언제 일어날까?"

뭘 그런 당연한 걸 묻냐는 표정을 하고 매테가 게슴츠레한 눈으로 나를 스윽 쳐다본다.

"Sunday."

이래서 유럽의 젊은이들에게 토요일은 없다. 유럽에선 금요일이 지나면 일요일이 온다. 🌱

유럽의 클럽에서 주의할 점

유럽에서 심란한 금요일 밤을 덫 번 겪어본 경험자로서 한국의 친구들에게 몇 가지 주의점을 알려줄 필요가 있을 것 같다. 알고 즐기시도록.

첫째, 유럽의 금요일을 포기할 순 없으니 원한다면 가보되, 확실한 파트너와 함께 가라.

둘째, 너무 늦게까지 있진 마라. 진정한 선수들만 남는다. 아니면 약물중독자들이 다(때로는 남기만 하는 것으로 이미 OK 사인을 한 것일 수 있다).

셋째, 되도록 맥주병은 들고 마셔라. 아직도 약을 타는 사례가 많다.

넷째, 너무 요란하게 꾸미지 마라. 돈 벌러 온 동양 아가씨 취급받는다.

다섯째, 갈 땐 같이 가도 나올 댄 혼자 나와라. 열심히 '작업' 걸고 '작업' 받느라 바쁜 친구한테 '집에 언제 가?'라고 물으면 딱 〈내 마음의 풍금〉 속 '애 업고 학교 간 홍연이' 꼴 된다.

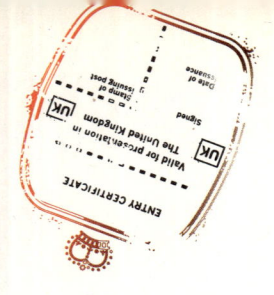

유럽에서만 일어나는 대략난감 사건

생각만 해도 아찔한 일들이 유럽여행 중엔 참 많이도 일어난다. 특히 제3자의 침이 나를 거쳐 옆사람에게 전해졌던 때의 일은 생각만 해도 아찔하다. 무슨 얘기냐구? 한번 들어보시라니깐요. ㅠ.ㅠ

    내가 얼마만큼 유럽을 사랑하고 이곳 사람들에게 애정을 갖고 있는지는 길게 설명할 필요가 없을 것이다. 이 책의 모든 구절구절마다 애정어린 마음이 고스란히 녹아들었을 테니 말이다. 우리보다 일찍 경제적 여유를 갖추었기 때문인지는 모르겠으나, 유럽이라는 대륙에 주소를 갖고 살아가는 사람들은 한마디로 인생의 멋을 아는, 양보다는 질적인 가치를 일찍 터득한 사람들이란 생각이 든다. 다양한 측면에서의 '여유'가 느껴진다.

    돈은 조금 덜 벌더라도 여름휴가는 최소한 한 달이다. 겨울휴가는 크리스마스 이전부터 새해까지 주욱 쉬어야만 그제야 조금, 아주 조금 즐겼다고 여긴다. 긴 휴가철에도 물론 월급은 꼬박꼬박

나온다. 길어야 일주일이 보통인 한국의 휴가제도를 설명하면 놀라지 않는 사람이 단 한 명도 없다. 그런 이유로 이번 유럽여행 중엔 문화와 관습이 얼마나 무서운 사회적 습관인지 수없이 되새기곤 했다. 관습은 생소함을 당연함으로 만드는 능력이 있는 것 같다. 또 가진 것 없는 거리의 노숙자일지라도 해진 옷차림에 동냥그릇을 들고 "엑스큐제 무아~"라고 말하는 예의를 차린다. 패스트푸드점에서 쓰레기통의 음식을 뒤지면서도 쟁반에 감자 찌꺼기, 케첩, 햄버거 찌꺼기, 남은 콜라컵을 모아 세트로 담아가는 모습을 볼 때는 뒤통수를 맞은 느낌마저 든다. 비록 노숙자지만 눈빛으로는 '나는 훔치지 않았어'라고 말한다. 유럽은 나보다 조금 더 일찍 세상에 눈을 뜬 조숙한 친구 같다.

그런 유럽 사람들이지만 나조차도 도저히 적응하기 어려운 점이 분명 있다. 아니, 생각보다 많았다. 특히 유럽 사람들이 곧잘 하는 '비주' 인사법이 그렇다. 물론 비주 자체는 나쁘지 않다. 친근하고 벽을 허물기 좋은 인사법이라고 생각한다. 다만 비주를 노골적으로 강하게 하는 아저씨들 때문에 화들짝 놀랄 때가 한두 번이 아니었다.

한 번은 이런 일도 있었다. 누군가의 소개로 세 명의 친구를 만나게 되었는데 당연히 순서대로 인사를 나눠야 했다. 두 명은 남자였고 오른쪽 끝에는 여자가 서 있었다. 순서대로 양쪽 볼을 슬쩍 맞대며 입으로 "쪽! 쪽! 나이스 투 밋 유!" 소리내어 인사를 나눴다.

헌데 두 번째 아저씨가 반가움에 겨워 자신의 입과 내 볼을 지나치게 밀착시키는 바람에 나의 볼에 아저씨의 침이 묻은 것이다. 꺄~아~ 소리를 치고 싶었지만, 환하게 웃는 얼굴로 반겨주는 아저씨의 면전에서 손을 올려 침을 닦아낼 수는 없었다. 정말 미칠 것 같았다. 너무나 당황스럽고 찝찝했지만 순간적으로 발생한 일이라 시간에 쫓겨 다음 여자에게 인사를 계속했다. 여자는 내 볼에 쪽쪽 소리를 내며 인사를 나누더니 흠칫 놀랐다. 그녀도 느낀 것이다, 나와 그녀의 볼에 묻은 침이 옆 아저씨로부터 전해져 온 것임. 찝찝함과 함께 눈에는 폭발할 듯한 웃음을 담고 그녀가 눈빛으로 내게 말했다.

'오! 마이 갓! 너 지금 무지 당황했겠다. 말도 못하고. 보인다 보여!'

그녀는 내게 몰래 휴지를 쥐어주었다.

유럽에서는 이런 일이 생각보다 자주 일어난다. 물론 순수하게 반가운 마음에 일어나는 실수도 있지만 중년 아저씨들 중에는 비주 인사법을 응큼한 욕구를 해소하는 도구로 사용하는 사람도 있다. 특히 동유럽 사람들은 언뜻 보기에 조금 거칠고 드세 보이지만 실제로는 서유럽 사람들보다 더 인간적이고 정도 많다. 기쁠 때, 슬플 때, 헤어질 때, 만날 때 언제나 꼭 껴안아주곤 한다. 우리가 오랜만에 친구를 만나면 꼭 껴안는 것처럼 말이다. 그러니 현지인들의 인사법을 잘 익혀두고 응큼해 보이는 아저씨를 만나거든 아예 차갑게 구는 것이 상책일지도 모르겠다.

그러나 응큼한 인사법을 능가할 만큼 유럽에서 적응하기 어려운 일이 또 하나 있었다. 바로 '뙤약볕'에서 풀코스로 식사하기다. 뙤약볕 아래에서 얼굴을 찌푸리며 몇 시간씩 밥을 먹는 이들의 식사 문화는 도저히 적응하기 어려운, 정말 대략난감한 일이다. 유럽 사람들은 겨울에도 신선한 공기를 마시겠다며 야외카페나 가든테이블 식사를 즐기니 하물며 더운 여름에는 오죽할까. 모든 크고 작은 행사를 웬만하면 야외에서 치르고 싶어 한다. 특히 한여름에 뜨거운 햇살을 받으며 느긋하게 식사를 하는 것은 유럽 사람들이 최고로 여기는 휴식방법인지라 피할 방도가 없었다.

유럽의 한여름, 뜨거운 태양 아래서 선글라스를 쓰고 말라가는 스테이크를 써는 기분…… 동유럽의 휴양도시에서 몇몇 가족들과 함께했던 뙤약볕 식사에서 그 기분을 여실히 느꼈다. 야외라 상쾌한 느낌이 드는 것은 사실이었지만, 도무지 뜨거워서 찌푸린 얼굴을 펼 수가 없었다. 더구나 원래부터 가무잡잡한 피부에 몇 년째 여행만 하고 있어 이미 시커먼스가 된 나인데 뙤약볕에서 고기를 구워먹으라니 고기가 타는 건지 내가 타는 건지 종잡을 수가 없었다. 하얀 유럽 사람이야 피부가 달아올라도 며칠 빨갛다가 금세 되돌아오고 동양인이라도 잘 관리받은 피부라면 햇볕에 그을려진 섹시함이라도 생기겠지만 푸석푸석한 여행자의 빈티나는 피부에 그을리기까지 하면 빈티지 피부가 뱀 허물 벗듯 벗겨져 차마 웃을 수도 없게 망가지는 법이다. 그러니 무자비하게 내리쬐는 뙤약볕 아래서 펼쳐지는 식사 문화는 도무지 반길 수 없는 종류의 이질적인

유럽에서 축제 일을 하는 이들과 다함께 모여 선글라스를 끼고 한낮의 만찬을 즐길 기회가 있었다. 저 넓고 하얀 테이블 위로 조각구름이 재빠르게 스쳐 지나갔다. 그 느낌이 묘했다, 살갗은 타들어가는 듯했지만.

충격일 뿐이었다. 잔디를 다 태울 것 같은 강한 햇살이 하루 종일 내리쬐이는데도 마당 한가운데에 테이블을 놓고 대화를 나누며 두 시간 반만에 기나긴 식사를 마쳤다. 내 몸에 붙은 모낭충들은 이미 다 타서 죽었을 게 분명하다.

물론 이제는 약간의 요령도 생겼다. 장소를 미리 확인하고 주변에 그늘이 전혀 없을 것 같으면 일찌감치 찾아가 재빠르게 해를 등진 곳에 자리를 차지하고 앉아야 한다. 또 하얀 사기접시들이 반사해 쏘아올리는 햇빛도 피할 겸 잔뜩 찌푸릴 얼굴 표정도 숨길 겸 반드시 짙은 색 선글라스를 준비해야 한다. 그렇지 않으면 햇볕에 맞서 차마 봐주기 힘든 표정을 짓다가 채 10분이 지나기도 전에 얼굴이 고기 색깔로 변할 테니까 말이다.

그래도 구름 한 점 떠 있지 않은 청명한 하늘이라면 이따금씩 지나가는 조각구름의 그림자가 넓은 테이블 위를 선명하게 가로지르는 신기함을 맛볼 수는 있다. 그것 하나는 정말 좋았다.

"아무리 그래도 뙤약볕 아래서 말라가는 고기 쏠기는 아니 쥐~!"

또 하나, 꼭 유럽에서만 일어나는 일은 아니지만 유럽이기에 더욱 실감나게 겪을 수 있는 생소한 만남도 있다. '그녀가 그녀를 만나는' 비밀스런 경험이다.

아일랜드 더블린에 갔을 때의 일이다. 더블린에서 열리는 국제연극축제를 보기 위해 시내 중심에 있는 유스호스텔에 일주일간

묵었는데 다행히 손님이 많지 않아 편하게 지낼 수 있었다. 거기서 스웨덴 친구 수전과 같은 방을 쓰게 되었다. 수전은 북유럽만 3개월째 여행 중이었는데 웨이브가 있는 커트머리에 키도 크고 얼굴도 곱상했다. 또 요즘 젊은 친구들답지 않게 말솜씨도 점잖고 매너가 좋아 금방 친구가 되었다. 수전은 나의 여행 이야기가 재미있는지 에피소드를 늘어놓을 때마다 까르르 온몸으로 웃어가며 더 이야기 해달라고 보채곤 했다. 나도 그런 그녀가 편하고 마음에 쏙 들었다. 우리는 더블린에서 함께 지내는 동안 찰떡궁합을 자랑하는 단짝이 되어 유명한 펍에도 함께 가고 축제공연도 같이 보며 오랜만에 싱글 여행자의 외로움을 달랠 수 있었다. 쿵짝이 잘 맞는 것이 기뻤지만 차분히 이야기를 나누는 것도 좋아 오래도록 좋은 친구로 남을 수 있을 것 같았다.

그러던 어느 날 저녁, 호스텔 방 테이블에 걸터앉아 짧아서 붕 뜨는 두 다리를 건들거리며 여행책을 뒤적거리고 있는데 수전이 반짝이는 내 귀걸이를 보곤 예쁘다며 다가왔다. 나의 작은 귀걸이는 귀의 아래쪽이 아닌 위쪽에 달려 있었는데, 유럽엔 다양한 디자인이 많지만 귀 위쪽으로 다는 귀걸이는 많지 않아 곧잘 듣던 말이었다. 원한다면 기꺼이 빼 보여주겠다고 했더니 수전은 극구 사양하며 그냥 보기만 하겠다고 했다. 그렇게 귀걸이를 바라보던 수전은 몇 분이 지나도록 내 귀걸이를 만지작거리더니 어느새 내 머리카락과 귀 주변까지 천천히 쓰다듬고 있었다. 그런가보다 할 수도 있겠지만 조금 이상한 생각이 들었다. 잠시 후 쑥스럽다는 듯 웃으며 고개를 돌리자 수전은 내 귀 주변에 미세한 솜털이 많다고 했다.

'웬 뚱딴지같은 소리?'

갑자기 지나치게 달라붙는 그녀의 시선이 몹시 불편하게 느껴졌다.

어떤 연애박사가 이성과 3초 이상 눈을 마주치면 호감을 갖게 된다고 했던 말이 생각난다. 헌데 그게 전부는 아닌 모양이다. 내 경험으로는 호감이라기보다는 익숙하지 않은 낯선 분위기에 잠시 혼미해지는 느낌이 들었다. 한번 휩쓸리면 마약에 취한 것처럼 쉽게 빠져나올 수 없는 그런 묘한 기분이었다. 헝클어진 머리를 매만져주나 싶던 수전은 이미 좀 전의 수전이 아니었다. 뭔가 분위기가 이상하다고 느끼며 잠시 머뭇거리던 사이에도 수전은 줄곧 나를 바라보며 뭔가 대화하길 원했다. 그러고는 자연스럽게 그녀의 손이 친근하다 할지 아닐지 모를 어색함으로 나의 등과 어깨를 쓰다듬기 시작했다. 분명 이상했다. 평소 수전의 눈빛이 아니었다. 눈빛에 꽁꽁 묶여 신기하리만치 꿈쩍하지 못하는 순간을 처음으로 경험했던 것 같다. 뒤이어 그녀는 부담스럽도록 애정이 넘치는 눈빛으로 내 온몸을 머리끝에서 발끝까지 천천히 훑어 내려갔다. 단지 눈빛일 뿐인데도 온몸에 소름이 돋아왔다. 그러다 옆방의 문이 쾅 하고 닫히는 소리에 일순간 마법에서 깨어나듯 정신이 번쩍 들었다. 수전은 동성애자다. 애초에 그래서 우리가 가까워졌던 거였을까? 어쩌다 이런 상황이 되어버린 건지 파악할 겨를이 없었지만 일

단 멈춰야 했다. 정신을 차리기 시작한 나를 잡고 수전이 천천히 말문을 열었다. 분명 처음 듣는 말은 아닌데, 난생처음 듣는 것 같은 말을 수전이 했다.

"I love you."

이를 어쩌나. 며칠 동안 절친하게 지내면서 왜 진작 눈치채지 못했을까. 어쩌다 이렇게 도어버렸는지 둔하기 짝이 없는 스스로가 원망스럽지만 이미 일어난 일, 일단 이 상황에 제동을 걸어야 했다. 그 와중에도 그녀의 마음을 다치게 해서는 안 되겠다는 생각이 들었다. 당황하지 않도록 조심하며 내 의사를 정확히 전달해야 했다. 물론 동성애자인 친구를 여러 차례 만나 이야기를 나눈 적이 있었지만, 서로 인정하고 존중할 뿐 내가 주인공이 된 건 이번이 처음이었다. 난생처음 동성애의 대상이 되고 보니 예상보다 훨씬 난감했다. 어쨌든 수전에게 뭔가 말을 해야겠기에 천천히 내 팔을 양손으로 잡은 그녀의 손을 내가 다시 돌려 잡았다. 그리고 팔에 힘을 주어 멈추라는 사인을 보냈다. 최대한 침착하게 눈을 마주치고 그녀와 진심이 담긴 이야기를 나눠야 했다. 지금 생각해보면 그녀는 아마도 이미 알고 있었는지 모르겠다. 나를 바라보는 수전은 입으로는 '사랑하게 되었다'라고 했지만 눈으로는 '사랑해서 너무 미안해'라고 끊임없이 말하고 있었다. 당황스러웠던 건 사실이지만, 사람을 사랑하는 것이 죄는 아닌데 그녀는 나를 위해 너무 아파했다.

예상치 못한 수전의 프러포즈에 이틀 동안 예의와 근심과 경계가 어우러진 조심스러운 시간을 보내야 했다. 수전은 처음 만났던 때보다 더 침착했지만 내 앞에서 자신 있게 웃어 보이지는 못했다. 그녀가 미안해할 일은 분명 아닌데 마치 죄인처럼 변해 있었다. 지금 생각하면 그때 좀 더 편안하게 대해주지 못한 것이 후회스럽다. 며칠 후 예정대로 각자의 길을 가기로 한 날이 왔다. 그녀는 나를 놀라게 했던 지난일에 대해 안타까운 사과를 했고 나는 그녀의 마음을 받아줄 수 없어 미안하다 사과를 했다. 비록 지속될 수는 없었지만, 다행히 성의 있는 진심을 나눌 수 있는 편안함이 찾아왔다. 우리는 각자 배낭을 멘 채 금세 돌아설 준비를 마치고 여느 여행자들의 마지막처럼 서로의 여행을 위해 성의껏 주문을 외워주었다. 지금 헤어지면 다시 만날 수 없다는 걸 너무 잘 알고 있었기 때문에 그녀와의 인사는 길고 길었다. 그러다 잠시 머뭇거리던 수전이 얼굴을 들이밀더니 갑자기 내 입술에 입을 맞추는 것이 아닌가. 순식간에 벌어진 일이었다.

'얘가 미쳤나?'

놀라움에 다리가 휘청거렸다. 내가 어쩔 줄 몰라 하며 주춤거리던 사이 주변의 다른 친구들은 이미 다 봤다는 듯이 나를 보고 키득키득 웃고 있었다. 정말 쥐구멍이라도 있으면 기어들어가고 싶은 순간이었다.

정말 너무한 수전, 유럽일주에서 멋진 킹카를 만나 키스를 해도 시원찮을 판에 붕어 낚시하듯 순식간에 일을 저지르다니 정말 미친 거 아니니? 뭐라고 화를 내기도 전에 수전은 서둘러 사라졌다. 내게 잡히면 죽을지도 모르니까. 눈치 빠른 계집애 같으니라구.

여자에게 있어 깜짝 기습 키스는 일종의 로맨틱한 환상인데, 유럽일주 중에 만난 키스 상대가 하필이면 수전이라니 참 맥 빠지는 일이다. 갑자기 억울한 생각이 들었다. 이럴 줄 알았으면 터키에서 핫산하고나 할걸. 웬수 같은 친구 수전은 지금쯤 어디서 뭘 하고 있을까. 내가 이렇게 억울해하고 있는데 혹시 그녀는 되레 나를 원망하고 있지는 않을까. 그래도 그렇지 무참하게 내 환상을 깨뜨리다니 이 황당한 사고는 평생 잊을 수 없을 것 같다.

"지지배, 나타나기만 해봐라. 확 그냥 남자 소개시켜줄 거야!"

유럽여행을 하다보면 이렇게 뜻하지 않은 황당한 사건들이 곧잘 일어나곤 한다. 유럽이라고 마냥 좋기만 할 것 같지만 먹는 문제, 인사법, 애정 문제 등 골치 아픈 애로사항이 한두 가지가 아니다. 전혀 예측할 수 없는 길 위의 인연들. 그래서 더 짜릿한 유럽이지만 말이다. 🎗️。

이상과 현실의 교차점, 국경

처음엔 유럽여행의 참맛이 한국에선 경험할 수 없던 '국경 넘나들기'라고 여겼다.
떳떳하게 여권을 검사받고 이 나라에서 저 나라로 넘어간다는 것 자체가 어찌나
짜릿하던지. 유럽 선진국의 입국관리소 앞에서 펼쳐지는 냉혹한 현실의 이면을
알아버리기 전의 일이다.

많은 사람들이 유럽을 여행하고 싶어 한다. 유럽을 동경하는
이유야 헤아릴 수 없이 많겠지만 무엇보다 거부할 수 없는 최고의
매력은 고무줄 넘듯 쉽게 지나칠 수 있는 국경 통과하기가 아닐까?
너무도 아름다운 볼거리와 이국적인 풍취로 넘치는 곳이기에 유럽
여행에서 국경 자체에 대한 언급은 별로 없지만 내가 보기에 유럽
의 진가는 지도에서조차 옅은 점선으로만 표기되는, 조금은 가벼운
듯한 느낌의 국경인 것 같다. 보이는 것처럼 그저 아름답지만은 않
은, 냉엄한 현실을 볼 수 있는 유럽의 국경 말이다.

아마도 국경이라는 단어는 유럽에 열광하는 동양인 여행객들
에게 더욱 생경하게 느껴질 것 같다. 처음부터 땅 위에 그어진 국경

이라곤 있지도 않았던 섬나라 일본, 중국의 많은 부자들이 해외여행을 즐기는 시대가 되었지만 아직도 대다수의 중국인들에게는 넓디 넓은 중국 대륙 밖을 경험해본다는 것 자체가 사건에 가깝다. 한국은 또 어떤가. 섬나라도 아니면서 '세계 유일의 분단국'이라는 탐탁지 않은 별명을 달고 바로 붙어 있는 북한과 왕래조차 할 수 없는 특이한 형국의 나라다. 국경이 있지만 넘을 수 없는 국경이다. 세계정세를 좀 아는 외국 친구들에게 늘 듣는 말이 이 독특한 상황에 대한 거였다.

"한국은 사실상 섬나라야!"

그러니 우리에게도 내 발로 직접 국경을 밟아본다는 것은 잊을 수 없는 짜릿한 경험이다. 그런 흥미로운 국경이 유럽 전역에는 거미줄처럼 사방팔방에 놓여 있으니 유럽여행에 있어서 기차로든 자전거로든 국경을 통과하는 재미는 분명 특별하다.

유럽일주를 다른 말로 하면 국경 통과의 반복적 행위라고 할 수 있다. 며칠에 한 번씩 부딪히는 것이 국경이다. 국경은 새로운 나라를 만나는 첫 관문이자 설렘 또는 두려움의 상징적인 공간이며 그 나라의 정세와 경제력, 문화까지도 느낄 수 있는 아주 특별한 장소다. 총의 종류까지야 구분해낼 재간이 없지만 모든 국경에는 온갖 무기들로 무장한 군인들이 사방에서 지키고 있어 무섭기도 하고 때로는 웃지 못할 해프닝이 벌어지기도 한다.

특히 세계일주 당시 아프리카 탄자니아에서 케냐로 넘어가는 국경에서 있었던 일은 지금 생각해도 웃음이 난다. 탄자니아 국경을 넘어 버스로 케냐에 입국하는데, 까다로운 서류나 조건은 없지만 입국비자를 그 자리에서 돈을 내고 사야 하는 상황이었다. 미화 50달러의 적지 않은 금액이었다. 국경에는 앞뒤로 줄이 길게 늘어서 있어 비자발급을 해주는 국경 직원은 정신없이 바빴다. 나 또한 각종 예방접종 서류와 가방 깊숙이 숨겨두었던 여권을 꺼내고 주머니에서 유로나 파운드가 아닌 미국 달러를 찾아내느라 정신없던 차에 앞 사람이 뭔가를 잊어버렸다며 입국관리소를 아수라장으로 만들었다. 다시 정신을 차린 나와 비자발급 공무원은 슬며시 웃어 보이며 일을 계속하자는 뜻의 사인을 주고받았다. 계속해서 필요한 서류를 제출한 뒤 50달러의 돈을 거슬러 받고 서둘러 사무실을 빠져나왔다. 뭔가 빼먹은 듯 이상했지만 생각이 나질 않아 곧장 버스에 올라탔다. 자리에 앉아서야 여권을 정리하고 이것저것 급히 구겨넣었던 주머니를 살펴보니 미화 50달러짜리가 두 장이 있었다.

'비자를 사려고 돈을 냈는데 왜 50달러짜리가 두 장 있나?'

순간 얼굴에는 피식 웃음이 찾아들었다. 돈을 내지도 않고 그냥 거스름돈만 받은 거였다. 이러면 안 되는데 왜 자꾸 웃음이 날까? 내 안의 악마가 자꾸 폭소를 내보냈고 버스는 이미 한참 속도를 내며 달리고 있기에 돌이킬 수도 없었다. 뜻하지 않은 횡재에 괜시리 기분까지 좋아졌다. 가끔이지만 이런 재미있는 국경 해프닝도 찾아온다.

한번은 이런 일도 있었다. 에스토니아 탈린에서 러시아 상트페테르부르크로 버스를 타고 넘어가던 중에 또다시 극경을 만났다. 내가 보기에 전 세계의 다양한 국경 중 가장 살벌한 곳은 러시아가 아닐까 싶다. 어둡고 무표정한 얼굴에 온갖 낯선 무기들, 투박하고 거친 말투까지 무엇 하나 정감이라곤 느껴지지 않는 곳이었다. 어쨌든 그때 낡은 버스에는 두세 명의 서양 여행자와 현지인들이 대부분이었고 동양 여행자는 나 하나뿐이었다. 모든 승객들이 푸른 제복을 입은 러시아 경찰의 지시에 따라 버스에서 내려 자신들의 짐을 챙겨 입국심사실로 향했다. 다행히 무난하게 통과했지만 전자여권을 자주 접하지 않았는지 입국심사 공무원들이 진짜 여권인지를 여러 차례 확인하는 듯했다. 이번 유럽일주에서 30여 개 나라의 국경을 통과하며 느낀 사실은 신기술이라 하여 너무 서둘러 도입할 필요는 없겠다는 거였다. 새로 나온 전자여권을 많이 보지 못한 유럽의 국경 공무원들이 오히려 헷갈려 하며 자신들끼리 쑥덕거리거나 이것저것 더 살펴보느라 불필요한 시간을 잡아먹는 경우가 많았다.

러시아로 향하는 입국심사실은 창고 같은 직사각형 모양의 건물에 왼쪽 입구로 들어가면 화장실과 여권심사대가 나오고 여권심사가 끝나면 오른쪽에 러시아측 화장실과 출구가 있는 형태였다. 여권심사와 소지품 검사를 무사히 끝낸 사람들은 기계적으로 풀었던 짐을 다시 챙겨 국경을 넘어와 기다리고 있던 버스로 향했다. 나도 화장실에 들러 버스로 가려 했는데 하나뿐인 화장실에는 사람들이 넘쳐났다. 긴장이 풀린 사람들이 그제서야 볼일을 볼 참이었던 것 같다.

시간이 너무 걸릴 듯하여 일단 가방을 끌고 러시아 출구로 나와 밖을 보니 허름한 시골 톨게이트 같은 분위기에 무장한 경찰들과 방금 우리가 검열받던 입국심사실 건물이 전부였다. 뭔가 있어도 불빛이 어두워 볼 수 없는 지경이었다. 건물 안의 왼쪽편 화장실을 다녀와야겠다고 생각하며 가방을 끌고 왼편 입구로 걸어가는데 순간 세 명의 러시아 경찰이 권총도 아닌 기관총을 나를 향해 들이대는 거였다. 불과 열 발자국 정도의 거리였는데 순간적으로 너무 놀란 나는 입을 'O'자로 벌리고 말았다. 그러고는 그제야 상황파악이 되어 급하게 사과를 하며 웃음을 참지 못했다. 너무 자주 국경을 넘나들다보니 긴장감이 떨어졌던 모양이다. 아무리 외진 국경이라 해도 건물 왼쪽의 화장실은 분명 에스토니아 화장실이고 오른쪽만 러시아 화장실인데 방금 러시아로 입국해놓고 에스토니아 화장실을 쓰겠다고 총 든 경찰 앞에서 아장아장 에스토니아로 밀입국(?)을 한 것이다.

덩치 좋은 러시아 경찰들에 비해 나는 유난히도 작고 힘없는 여자이기에 총부리를 들이대던 러시아 경찰들도 어이가 없다는 듯 터지는 웃음을 참지 못했다. 사실 그들도 총을 쏜다기보다는 몸 앞에 메고 있던 그대로 내 쪽을 향해 몸을 돌리다보니 자연스레 겨눈 모양새가 되었던 것 같다. 어쨌든 러시아 국경에서의 어이없는 화장실 해프닝도 기억에 남는 추억이 되었다.

벨기에 브뤼셀에서 뜻하지 않게 사진 모델 제의를 받았다. 물론 흑백에 얼굴도 잘 안 보이는 사진이지만.

엘크는 벨기에 출신의 아마추어 사진작가다. 독특하게도 남자친구도 프로 사진작가로 체첸 출신이었다. 벨기에 축제를 취재하러 갔다가 브뤼셀에서 잠시 아파트를 나눠 쓴 하우스메이트였는데 한국과 동양의 사진작가들에게 무초이나 관심이 많았다. 기회가 된다면 꼭 한국의 젊은 사진작가들과 작업을 해보고 싶다고 해내가 여기저기 수소문해봤는데 선뜻 답을 주는 이가 없었다. 진작 한국의 사진작가들과 친분 좀 쌓아둘걸.

엘크는 지금도 오래된 구형 카메라를 고집스럽게 들고 다니며 흔들리는 물체의 형상을 작은 앵글 안에 담고 있다. 초점이 맞지 않는 세상이지만 그래서 더 사실적이고 강렬한 그녀만의 철학이 느껴지는 사진들이었다. 그녀의 사진전을 언제나 또 보러 갈 수 있을까? 헤어질 무렵, 저녁노을이 완전히 사라지기 전에 모델이 되어달라는 그녀의 부탁에 선뜻 마룻바닥에 주저앉았다. 볼에 살이 갗던 그녀의 웃던 얼굴이 지금도 눈앞에 선하다.

엘크, 모델료 안 받을 테니 어서 한국에 놀러오렴. 보고 싶다.

그러나 국경에서 벌어지는 이런 재미있는 에피소드들은 운이 좋은 경우다. 이제는 해외여행을 하기에 한국이라는 국적도 다소 도움이 되는 형편에 이르렀고, 잦은 이동으로 좀 무뎌지기도 했지만 이따금씩 한밤중 국경에서 벌어지는 살벌한 광경을 보면 놀라지 않을 수 없다. 남의 일 같던 인종차별, 국적차별의 행위가 눈앞에서 적나라하게 자행되기 때문이다. 그런 안타깝고 무서운 광경을 볼 때마다 '더 가난한 나라에서 태어나지 않아 정말 다행이다. 외국사람들이 더 이상 한국을 가난한 나라로 기억하지 않게 돼서 천만다행이다'라는 생각을 떨쳐버릴 수가 없었다.

그래도 지금은 유럽이 EU로 통합되면서 국경 검문이 많이 느슨해진 편이다. 심지어 프랑스 샤를 드골 공항은 나오는 출구까지 아무 제지가 없다. 국가 간 이동이 너무나 용이해져 더 이상 공항에서 입국심사를 하는 의미가 없어졌기 때문이다. 예전에는 유럽을 여행한 여행자들이 밤기차로 국경을 통과하면서 벌어진 일들을 재미있으면서도 긴장감 넘치게 풀어놓곤 했는데 말이다. 쇠사슬로 침대칸을 안에서 묶어놨다가 여권검사를 위해 허겁지겁 쇠사슬을 푸느라 난리였다거나 '기차가 국경에서 잠시 멈춘 틈을 타 고요한 국경의 풍경을 사진에 담아봤다'라는 식의 일들이 지금의 서유럽에서는 별로 많지 않다. 물론 기차는 국경에서 반드시 서서 통과 절차를 밟지만 예전처럼 철저하게 신분을 확인하고 여행 경위까지 묻는 상황은 보기 어렵다. 오히려 뜬금없이 대낮에 국경도 아닌 곳에서 불시에 여권검사를 실시하는 경우가 많아졌다. 예전의 국경 근처 기차에서 벌어지던 살벌한 분위기는 동유럽으로 넘어가야 비로소 제 맛(?)을 느낄 수 있지 않을까?

그러나 서유럽에서도 완전히 사라진 건 아니다. 돈 없고 힘 없는 소수민족들이 많이 이용하는 버스 안에서는 여지없이 벌어진다. EU로 통합되어 예전 같은 살벌한 검문은 사라진 듯하지만, 아직도 유럽 대륙을 며칠씩 달리는 심야버스에서는 철저한 검문검색뿐만 아니라 보이지 않는 인종차별, 불평등 행위가 매일 밤 일어난다. 그저 아름답기만 할 것 같은 유럽을 여행하다가 우연히 버스터미널을 방문해보면 누구라도 쉽게 느낄 수 있을 정도로 칙칙한 암울함이 감지된다. 또 백인보다 유색인종이 압도적으로 많은 유일한 교통편이라는 사실도 어렵지 않게 느낄 수 있다. 대표적인 국가 간 교통수단인 비행기는 애초부터 국경 위 하늘을 날아다니는 다른 차원의 존재고 기차는 비교적 넉넉한 형편의 사람들이 이용하는 편인 데 반해, 버스는 저렴한 가격에 추가요금도 없이 무거운 이민가방을 실컷 실을 수 있으니 돈 없고 힘 없는 사람들이 모여드는 게 어찌 보면 당연한 현상이다. 그러니 유럽의 어느 빈곤 국가에서 출발하여 서유럽으로 들어가는 밤버스의 국경검색은 살벌하다 못해 때로는 보는 이조차 안타까울 정도의 불평등과 옛날 인종차별에 맞먹는 국적차별이 자행되곤 한다.

한번은 오스트리아 빈에서 프랑스 파리로 가는 심야버스를 타게 되었다. 열일곱 시간이 걸리는데 이 정도는 몇 년째 장기여행 중인 내게 불편함은커녕 아무것도 안 하고 그저 앉아 있기만 하면 되는 가장 속 편한 시간이었다. 일로 하는 여행은 미처 예상하지 못한 일들이 끊임없이 발생한다. 그래서 날짜를 사전에 확정짓지 못하는 경우가 잦다보니 저가항공을 이용하지 못하는 때가 많아 나는 자주 저렴한 심야버스를 이용했다.

어쨌든 자다 깨다를 반복하며 내가 탄 버스는 독일을 거쳐 프랑스로 달려가는 중이었고 애초에 불가리아에서부터 출발한 버스였기 때문에 동유럽과 서유럽 사람들이 골고루 섞여 있었다. 한마디로 버스 안 분위기가 어두침침했다.

문제는 프랑스와 독일의 국경에서 일어났다. 190센티미터는 되어 보이는 거구의 독일 남자 경찰과 서류조회를 담당하는 듯한 여자 경찰이 약속이나 한 것처럼 무뚝뚝한 표정으로 무장하고 버스 안으로 들어오더니 서슬 퍼런 눈초리로 승객들을 한번에 쫙 훑었다. 굴 속을 정탐하듯 천천히 어두운 버스 뒷편으로 들어가면서 한 명씩 한 명씩 여권검사를 시작했다. 여느 때보다 훨씬 더 험악한 독일 경찰의 인상 덕분에 버스 안 분위기는 그야말로 찬물을 끼얹은 듯했는데 운이 나쁘게도 이번엔 내 여권을 가져가 버렸다. 불친절하진 않았지만 한국이라는 말에 여권을 거둘까 말까 잠시 망설이더니 결국 가져가 버린 것이다. 버스 안에 동양인이라고는 일본인 여행객 한 명과 한국인인 나뿐이었는데 당연히 일본인 여권은 보는 것만으로 그 자리에서 통과됐고 내 여권은 망설이다 확인차 가져간 것이다. 늘 그렇지만 해외의 국경에서 드러나는 일본과 한국의 이

기차 사진들은 어딘지 모르게 황량하고 삭막
하기만 하다.

미지 차이가 이 정도다. 한국은 이제 겨우 잘살기 시작한 나라이므로 이를 아는 경찰이 있고 모르는 경찰도 있다. 보통은 별 문제없이 통과되지만 어쩌다 한국을 잘 모르는 경찰을 만날 경우에는 '한국인은 (유럽 올 때) 비자 필요없나요?'라는 황당한 질문을 받기도 한다. 반면 세계 제일의 경제대국 일본을 모르는 사람은 없다. 그래서 아무리 허름한 행색의 여행객이라도 일본 여권 하나면 전 세계 어디에서나 무사통과다. 이것이 국경의 현실이다.

새벽 3시경, 한밤의 여권검사는 계속되었다. 절반 정도의 승객들에게서 여권을 거둬들인 여자 경찰은 전산망이 장착된 경찰버스로 이동했고, 거구의 남자 경찰은 몇몇 남자 승객들을 잡고 끊임없이 질문을 던졌다. 총 세 사람이 집요한 질문을 받았는데 흑인 한 명은 싸구려 가방을 들었으며 낡은 옷을 깨끗이 빨아입은 듯했고 한 명은 불가리아의 소피아에서 탑승한 승객이었지만 불가리아 사람이 아니라 중동인 같은 이목구비를 가졌다. 또 한 사람은 평범해 보였지만 얼굴에 찌든 어두움이 가득했다. 물론 흑인이었고 무척 억울하다는 표정을 연신 지으며 항변했다.

한참 질문을 퍼붓던 경찰은 유난히 분위기가 어둡던 흑인 남자를 일으켜 세우더니 직접 몸을 수색하고는 그 자리에서 은색 수갑을 채우는 것이 아닌가. 처음엔 험상궂은 얼굴로 시간을 너무 많이 잡아먹는 경찰을 두고 쑥덕거리던 승객들도 그제서야 정신을 차린 듯 놀라움을 금치 못했고 수갑을 찬 채 버스 뒤에서 통로로 끌려 나오는 남자를 안타깝게 쳐다보았다. 이유도 모른 채 끌려간 남자가 몰도바 국적이라고 누군가 소곤거렸다.

　　잠시 후 못도게 생긴 여자 경찰이 거둬들였던 여권들을 가져와 버스 기사에게 나눠주도록 했다. 그러고는 계속 질문공세를 펴던 남자 경찰에게 다가가 소곤거리더니 나머지 의심받던 두 명의 짐을 모두 내리게 해 가방을 헤집기 시작했다. 두 사람의 가방은 순식간에 파헤쳐져 길바닥에 노점상을 차린 듯이 보였고 뭔가 딱히 발견된 것은 없어 보였으나 한참을 이야기하던 두 경찰에 의해 결국 나머지 한 명도 수갑을 차는 신세가 되었다. 다행히 다른 흑인 한 명은 그 난리를 친 후 다시 버스에 오를 수 있었는데, 자신은 이상한 사람이 아니라며 옆의 승객들에게 굳이 묻지도 않은 대답을 길게 늘어놓았다. 그 모습이 그를 더욱 비참하게 했다.

　　이런 광경은 유럽 이곳저곳을 옮겨다니면서 어렵지 않게 볼 수 있었다. 물론 그네들은 의심스러운 범행을 저질렀거나 신원이 불분명하거나 지난 악행에 대한 재범의 우려가 있기 때문에 국경 검문에서 걸렸을 것이다. 문제는 모든 사람을 일일이 검사하기 어려운 상황에서 대부분 국적과 외견을 보고 무작위로 1차 검문을 시작하는데 그때 무조건 1순위로 걸리는 사람이 흑인들, 아프리카나 남미 같은 적도 밑에서 온 사람들, 아니면 개발도상국의 국적을 가진 사람들이란 점이다. 같은 흑인이라도 유럽의 흑인과 아프리카에서 온 흑인은 피부색과 분위기가 완전히 다르기 때문에 유럽의 다른 나라에서 탑승했다 할지라도 아프리카 출신 흑인들은 100퍼센트 잡히게 되어 있다.

　이런 현실을 볼 때마다 보통 검문에 걸리는 일이 없는 승객들로선 흥미로우면서도 씁쓸한 표정을 숨길 수가 없다. 국경의 경찰들은 단지 국적만 묻고 검문을 시작하는데도 나중에 걸려나온 사람들을 보면 백발백중 흑인이거나 대부분 유색인종 또는 소수민족들뿐이기 때문이다. 그것을 일평생 겪고 사는 흑인들의 마음은 어떨지 차마 묻지 못했다. 아무리 열심히 살아도 가난한 나라의 국민들은 일단 국경에서부터 의심받고 모욕에 가까운 검문을 당해야 한다. 단지 가난한 나라의 여권을 가졌다는 이유만으로 말이다.

　1년간 유럽일주를 하며 상당 부분을 야간버스로 이동했었다. 적게는 10시간부터 길게는 30시간까지 밤낮으로 이동하면서 여기가 진정 유럽이 맞는가 하는 생각이 들 정도로 믿기 어려운 일들을 자주 볼 수 있었다. 다행히도 나는 한국인이라는 이유로 불합리한 대접을 받은 적은 없다. 하지만 이런 생각이 드는 것은 어쩔 수 없었다.

　'불과 몇 년 전이었다면 어땠을까? 부모 세대의 노력 덕분에 오늘날 우리가 이 정도 대접을 받는 것이 얼마나 다행인가?'

　한국이 그나마 현재와 같은 국가경쟁력을 갖추지 못했더라면 유럽일주를 하는 1년 내내 유럽의 국경에 서서 나는 이렇게 답해야 했을 것이다.

　"유럽을 여행하고 싶어서 비자 받아 왔습니다."

프랑스와 벨기에 국경 근처의 작은 마을이다. 너무도 평화롭고 아담해서 꼭 영화 세
트장 같았다.

"몇 달 후에 본국으로 돌아갈 비행기표도 여기 있습니다. 보세요."

"여행할 돈도 충분합니다. 현금도 여기 있으니 보세요."

"저는 한국에 직업을 갖고 있습니다. 여기서 불법취업하려는 것이 아니니 믿어주세요."

유럽의 국경에서 이런 대답을 하지 않아도 되는 것이 얼마나 행복한 일인가. 대한민국의 윗세대에게 진심으로 감사하자. 또 지금 우리는 그 이상을 다음 세대에게 물려줄 수 있는지 스스로에게 되물을 차례라는 생각이 든다.

유럽의 국경에서 마시는 커피는 그래서 유난히 쓴 맛이 나는 건가보다. 𝒴。

왜 여자들만
회사 때려치고 여행 나올까

고대하던 유럽여행을 하면서도 뒤로는 한숨 짓는 그녀들을 보면서 이 이야기는 꼭 해줘
야겠다는 생각이 들었다. 분명 힘들고 시린 각각의 사연들이 있겠지만 그래도 한번쯤은
생각해보라고 말해주고 싶었다.

　　해외여행이 시대의 트렌드가 되어버린 상황에 여자 여행객
이 많다고 해서 이상할 것은 없다. 그것도 다양한 볼거리와 아기자
기한 맛에 멋까지 골고루 갖춰진 유럽이라면 충분히 그럴 수 있다
고 생각한다. 다만 오랜 여행길에 느껴지는 '한국 여자들만의 특이
한 현상'에 같은 여자로서 의문을 갖지 않을 수 없었다. 여자만 유
럽을 좋아하는 것은 아닐 텐데 유독 유럽에서 한국 여성의 움직임
만 두드러지는 현상, 그것도 약속이나 한 듯 하나같이 회사를 때려
치고 나오는 독특한 현상은 한 번쯤 짚고 넘어가야 할 문제라고 늘
생각했다.

　　해외여행을 처음 시작하던 10여 년쯤 전부터 세계 각지에서

한국 여행객들을 만날 수 있었다. 머나먼 타지에서 만나는 한국인은 당연히 반갑고 향수를 풀어주는 소중한 존재지만 그때마다 묘하게 마음에 걸리는 말이 있었다.

"회사 때려치고 나왔어요."

"더러워서 못해 먹겠더라구요."

"웬만하면 한국 들어가지 말고 여기서 사세요."

경제가 어려우니 충분히 그럴 수 있고, 그 고달픈 심정을 알 것도 같았으나 의아한 점은 왜 이런 이야기를 여자들에게서만 듣느냐는 거였다.

물론 경기 불황이 장기적으로 이어지는 요즘 상황에 얼마든지 있을 수 있는 일이고 무작정 부정적인 현상으로만 치부하려는 것도 아니다. 다만 경기가 나쁘거나 취업난이 극심한 것은 모두가 똑같이 겪는 문제인데, 여자들만 이를 부득부득 갈면서 회사를 때려치고 여행 나오는 이유가 궁금했다. 도대체 지금 우리 한국 여자들에게 무슨 일이 일어나고 있는 걸까.

이미 위 사례에 해당하는 많은 여성들이 유럽을 다녀갔고 그런 친구들을 주변에서 많이 봤을 테니 여러분은 이 현상을 어떻게 생각하는지 궁금하다. 회사를 때려칠 만큼 여자만 여행을 좋아하는가, 아니면 여자들이 남자들보다 참을성이 없는 것일까? 혹은 여자들이 남자들보다 능력이 부족하여 결국 자기와의 싸움에서 쉽게 좌절한다는 뜻인가? 모두가 힘든 시기인데 왜 여자만 회사를 그만두고 여행을 나올 수밖에 없는 걸까? 지금 이 글을 읽고 있는 독자라

파리 마레 지구의 어느 카페에서 찍은
사진. 같은 이미지를 가지고 저렇게 다
양하고 신선하게 재창조할 수 있다니
그저 놀랍고 부럽다.

면 분명 여행을 꿈꾸는 사람일 텐데 혹시 당신도 가슴속에 사직서를 품고 있진 않은지 궁금하다.

그동안 살펴본 바에 따르면 유럽에서 만나는 한국 여행객의 타입은 대략 이렇게 구분지을 수 있다. 먼저 남자의 경우는 취업을 앞둔 학생, 고소득 전문직 또는 일반 샐러리맨의 조용한 휴가다. 거기에 이따금씩 나이 지긋하신 중년 남자 여행객이 있는데 대부분 출장 중인 중역들이다. 그들은 침묵으로 일관하며 한적한 곳으로만 다닌다. 여하튼 남자 여행객의 타입은 대략 무난한 편이다.

반면 여자 여행객은 앞서 언급했듯 회사 때려치고 나온, 그래서인지 한숨을 자주 쉬고 좀 친해지면 예전 상사 욕을 늘어놓는 20대 후반에서 30대 중반까지의 여자가 가장 큰 비중을 차지한다. 그 밖엔 취업을 앞둔 대학생, 그리고 부럽기 짝이 없는 학교 여교사들이다. 특히 한국의 방학 때 유럽에서 만나는 여자 여행객은 학생이 아니라면 거의 모두가 회사 때려치고 나온 무직자, 아니면 초등학교 교사였다. 중학교 교사보다는 초등학교 교사 비율이 절대적으로 많고 고등학교 교사들은 방학 때도 보충수업을 하기 때문에 거의 못 나온다.

이유가 뭘까? 묘하게 마음이 불편해지는 현상이다. 때문에 유럽여행을 와도 남자 여행객들은 조용히 즐기다 가지만 여자 여행객들은 한참 즐기다가도 갑자기 조울증세로 주변 사람들을 긴장시키는 등 곧잘 안타까운 모습을 보이곤 한다. 혹여 술자리라도 생기면

땅이 꺼져라 한숨을 쉬고 가끔은 꼭꼭 숨겨왔던 술주정으로 혼자서
는 못 봐줄 원맨쇼를 펼치기도 한다. 추가비용을 내서라도 한국으
로의 귀국날짜를 연기하는 일도 대부분 이런 여자 여행객들에게서
빈번하게 나타난다. 어쨌든 이미 회사는 그만뒀고 시간은 많고 술
맛은 쓰디 쓸 테니 유럽여행이 남다를 수밖에 없을 것이다.

가끔씩은 친구로서 그녀들의 고민을 함께 나눠보기도 했다.
물론 대다수는 최선을 다해 참아보려 했으나 안 되었다거나 회사
에서 위치가 불안해져 어쩔 수 없었다고 했다. 또는 일이 징그럽
게 하기 싫었다는 이유였다. 심지어 어떤 사람은 이렇게 소리쳤다.

"그 새끼 밑에서는 도저히 못해먹겠더라구!"

차라리 솔직해서 좋긴 했다. 다만 정말 최선을 다했는지, 후회
하지는 않는지를 물으면 열 중 여덟은 시원하게 대답하지 못했다.
내 경험으로 보자면 '나도 할 만큼 했다'며 쉽게 말하는 것처럼 진
정으로 최선을 다하고 할 수 있는 모든 일을 시도했다면 설사 결말
이 좋지 않더라도 그토록 후회하지는 않기 때문이다. 오히려 최선
을 다했으니 비록 잘 안 풀렸어도 새로운 시작을 하는 데 쉽게 방향
전환이 되어 좋았다. 그런데 웬일인지 그녀들은 즐거워야 할 유럽
여행 중에도 깊고 깊은 한숨만 쉴 뿐이었다.

어쨌든 중요한 건 생각보다 많은 사람들이 회사를 그만두고
여행 나온 것에 대해 후회한다는 점이다. 또한 그렇게 뛰쳐나온 여
행이 생각보다 그리 즐겁지만은 않다는 더욱 냉정한 사실을 느끼고

돌아가게 마련이다. 그러니 지금 이 순간에도 일탈을 목적으로 회사를 그만두고 여행을 선택하려고 한다면 조금 더 심사숙고하길 바란다. 내가 만났던 그녀들의 한숨에는 안타깝지만 불확실한 미래와 두려움 그리고 지나온 날들에 대한 회한이 섞여 있었다. 그 회한의 핵심은 사직서가 아니었다. 그녀들은 아첨만 잘하는 상사가 죽도록 미웠다며 거칠게 욕했지만, 사실은 사직서를 낼 수밖에 없는 상황을 만들어온 자기 자신에게 화가 나 있었다. 이겨내지 못한 자신을 알기에 결코 큰소리치지 못했다.

정답은 자신만이 알 수 있다. 그저 우연하게 회사를 그만둔 여자들이 한꺼번에 유럽으로 몰려들었는지도 모를 일이다. 다만 지금 이 순간에도 유럽여행을 꿈꾸며 직장을 어찌할지 고민하는 여성들에게 한번쯤 생각할 계기를 주고 싶었다. 또 이미 회사를 그만둔 여성들이라면 원하는 만큼 충분히 휴식을 취하고 새로운 출발을 위한 뭔가를 꼭 얻어가길 바란다. 유럽에서 포착되는 한국 여성들의 어두운 번뇌가 부디 그녀들을 새롭게 태어나게 하는 계기가 되었으면 좋겠다는 바람이다. 무작정 회사를 때려친 것이 아니라, 새로운 시작을 위한 진통이었길 바란다. 그녀들이 바라던 진짜 꿈을 꾸기 위해 여자들이 다시 태어나고 있는 반증이라면 오히려 반가운 일일 텐데 말이다. 🐌

이런 사람 해외 장기여행 반대합니다

1. 전체 예산의 30퍼센트 이상을 부모님께 받으려는 사람

대한민국 부모님께 고함, 절대로 돈 주지 마세요. 돈 쥐여주며 "넓은 세상 보고 오너라" 하기엔 한국도 충분히 넓죠. 장기여행 가는데 돈까지 주면 자녀가 볼 수 있는 세상을 돈으로 가리는 것과 같습니다. 특히 대학생 즈-녀에게 여행 경비 절대로 주지 마세요. 지금도 부모님께 용돈 받아 유럽여행하는 대학생은 세계에서 한국 대학생이 유일하답니다.

2. "왜 가나?"고 물을 때 명쾌하게 답하지 못하는 사람

이미 눈치채셨겠죠? 어떤 경우에든 목적이 뚜렷하면 질문이 끝나기도 전에 우렁차게 터져나오기 마련이죠. 자신감 없이 어물쩍 넘어가려는 사람이라면 자기 자신도 아직 헷갈린다는 뜻 아닐까요? 조금 보류하는 쪽이 현명합니다.

3. 혼자만의 이력서를 작성해보고 최근 1년간 업그레이드된 내용이 없는 사람

한 직장을 계속 다니는데 무슨 이력서냐구요? 한 조직 내에서도 이력서에 써넣을 정도의 업무적 성과는 충분히 있을 수 있죠. 그냥 별 의미 없이 하루하루 생활하는 사람이라면 특별히 장기여행을 갈 필요가 없다는 뜻입니다.

4. 한국 민박만 찾아다니려는 사람

물론 저도 상황에 따라 한국 민박 애용합니다. 다만 한국 민박을 벗어나기만 해도 겪을 수 있는 다양한 만남과 경험들을 알면서도 편하다는 이유로 한국 민박만 찾아다니려 한다면 장기여행자로서의 자질을 의심해볼 필요가 있죠. 거기다 치열한 경쟁으로 가격이 낮아진 몇 개 도시 이외에는 한국 민박은 저렴하지도 않습니다. 전반적으로 장기여행자들의 한국 민박 이용률이 저조한 것은 다 이유가 있는 거랍니다.

5. 회사 다니면서 툭하면 사직서 운운하는 사람

정작 사직서 낼 용기는 없는 것 아닐까요? 먼저 자기성찰에 집중하는 편이 백번 옳습니다. 절대로 여행이 문제를 해결해주진 않으니 명심하세요.

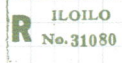

21세기에 피난 오라는 황당 메일

베를린 축제를 보기 위해 며칠 동안 독일에 머물던 중이었다. 한국 뉴스를 자주 보도하지 않던 독일의 신문, 방송들이 웬일인지 시끌시끌 법석을 떨고 있었다. 그리고 날아든 메일, 피난을 오면 받아주겠다는 캐나다 친구의 연락이었다.

      BBC, CNN 등 전 세계 뉴스 채널에서 북한이 남한의 양쪽 언저리로 하루에 몇 차례씩 진짜 미사일을 쏘아대고 있다며 한국에 곧 전쟁이 날 것처럼 하루종일 떠들어댔다. 짜증이 났지만 언뜻 보기에도 너무나 진지한 뉴스에 설마 하며 나조차 의심이 들 정도였다. 독일의 ZDF(독일 공영방송) 뉴스 화면에선 한국의 서해안으로 미사일이 발사되는 장면이 끊임없이 반복됐고, 마지막에 미사일이 서해 바닷속으로 풍덩 빠지는 장면은 그대로 정지되어 아침 신문에까지 턱하니 찍혀 나왔다. 한국을 겨냥하고 날아드는 미사일 사진만으로도 뉴스는 충분히 자극적이었고 진짜 전쟁의 시작 같았다. 전 세계 언론들은 좋은 구경거리라는 듯이 쉴 새 없이 긴장감 넘치

는 한국 소식을 보도했고 나는 아무렇지도 않다는 듯 독일의 축제를 보기 위해 베를린을 여행하고 있었다.

예상대로 베를린에서 만난 축제 기획자 앙카는 아침부터 호들갑을 떨며 질문공세를 퍼부었다. 질문의 요지는 '며칠 후에 한국에 전쟁이 터진다는데, 타지에 있는 너는 어찌 준비하고 있느냐'였다. 그러고는 혹여 내가 언짢아할까 염려가 되었는지 '그래도 괜찮을 거야!' 하며 애써 위로의 표현을 말끝에 붙여주었다. 나는 별것 아니라는 듯이 설명을 해보려 애썼지만 쉽지 않았다. 얘기를 하면 할수록 앙카의 의심이 나의 낙관주의보다 더 타당하다는 느낌을 떨칠 수가 없기 때문이었다.

'전쟁은 그렇게 쉽게 일어나지 않을 것이다. 오늘날과 같은 상황에서 북한이 전쟁을 선택한다는 의미는 대한민국만이 아니라 남과 북, 크게는 주변국 모두가 함께 죽는다는 의미가 될 것이기 때문에 북한도 결코 전쟁을 택하지는 못할 것'이라며 설명을 했지만 사실 내 마음 저 속에서는 앙카의 말과 같은 의혹이 내심 부글부글 끓어올랐다.

앙카 말이 맞다. 사실 이것은 우리만의 생각이요, 착각인지도 모른다. 밖에서 객관적으로 보는 세계인의 생각이 맞는지도 모른다. 그들의 눈에 보이는 대한민국은 '아직도 전쟁 중인 약한 나라 꼬레아'일 뿐이다.

이 시끌벅적한 국제 뉴스를 캐나다 밴쿠버 인근 숲속 마을에 사는 내 친구 제프도 본 모양이었다. 이날 저녁 베를린의 작은 극장에서 여유 있게 조금은 지루한 연극 한 편을 보고 숙소로 돌아와 보니 제프에게서 메일이 와 있었다. 우리는 몇 해 전 아프리카 여행 중에 탄자니아에서 만나 절친한 친구가 되었으며 평소에도 곧잘 이메일이나 엽서 등을 통해 안부를 전해왔기 때문에 별 생각없이 웃으며 메일을 읽기 시작했다. 그러나 그의 메일을 읽다보니 너무나 황당한 메시지에 어느새 미소는 사라지고 눈을 의심하게 되었다. 다시금 천천히 메일을 읽었다. 내용의 요지는 '한국에 곧 전쟁이 터질 듯하고 미국은 그다지 도움이 되지 않으니 걱정이다. 만에 하나 전쟁이 터진다면 나는 너의 좋은 벗이니 너와 한국의 너희 가족이 해외로 피난을 가야 한다면 캐나다 내 집에 원하는 만큼 머물러도 좋다'였다.

'피난을 오면 기꺼이 받아주겠다니 난 지금 고맙다고 해야 하는 건가?'

너무나 황당한 메일에 밤잠을 설쳤다. 내가 세상물정 모르고 유럽일주나 하면서 거꾸로 살고 있는 건가? 지금이 21세기인데 내가 피난을 가야 할 사람처럼 보인단 말인가? 나는 그런 불안한 국가의 국민인가? 한국은 진정 전쟁 중인가? 내가 사는 지붕 위에 폭탄 소나기가 쏟아질 수도 있다는 말인가? 나만 몰랐던 건가? 집에서 뉴스를 보다 나를 떠올리고 안부를 물어주는 제프의 깊은 배려는 감동스러웠지만, 별안간 예비 피난민 신세가 된 충격은 쉬이 가시질 않았다. 내가 바보인 줄 세상이 다 아는데, 나만 내가 바보인

줄 모르는 진짜 바보가 된 느낌이었다.

다음날 저녁, 한국의 코 신문사 선배가 야근을 하다 말고 메신저로 말을 걸어왔다. 유럽과 한국은 보통 7~8시간의 시차가 있기 때문에 유럽에서 내가 저녁을 먹고 있을 시간이면 한국에서 깨어 있는 사람들은 대부분 늦은 술자리에 있거나, 아니면 야근 중이었다. 선배도 역시 전쟁 중인 나라의 국민답지 않은 말만 골라 했다. 세계 각지에서 벌어지는 주요 뉴스와 한국 관련 해외뉴스를 시시각각 체크하는 국제부에 있으면서도 현재의 긴장감, 북한 얘기는 한마디도 언급하지 않았다. 오히려 여행자 팔자가 최고라며 부럽다는 감탄사만 연발했다. 답답함을 참지 못해 내가 먼저 얼마나 심각한 거냐는 질문을 쏟아냈다. 선배는 세월 좋게 넋두리를 늘어놓더니 마지막에서야 겨우 짧은 한숨을 내뱉으며 한마디로 일축했다.

"응! 우리만 무감각해!"

더 이상 질문이 필요 없었다. 내가 현재 한국인의 평균 모습이었다. 북한이 이따금씩 서해로 쏘아대는 미사일의 방향을 약간만 왼쪽으로 틀면 한국은 곧 이라크 같은 전쟁국가가 되는 것이다. 이 사실을 우리 모두가 알고 있는데도 아무도 전쟁의 가능성을 실감하지 못하고 있다. 불과 몇 시간 전에 우리의 앞바다에 미사일이 발사되었는데도 그냥 고개만 갸우뚱한다.

그러고 보니 우리는 늘 그래왔던 것 같다. 휴전한 지 이제 겨우 반 세기가 조금 더 지났을 뿐인데 우리의 앞바다에 북에서 쏘아대는 미사일이 쏟아지고 있을 때조차도 '설마, 한국에?' 하는 얼굴로 현실을 인정하고 싶어 하지 않는다. 아니, 우리 중 대부분은 진짜 전쟁이 어떤 건지 알지 못한다.

　오랜 시간 세계 각지를 돌아다니며 만난 사람들은 내게 세상을 보여주는 창이자 우리 자신을 비춰주는 거울과도 같았다. 그들은 한국을 다양한 모습으로 보여주곤 했다. 그들 눈에 비친 한국은 내가 생각하는 한국과는 많이 다른 모습이었다. 비교적 객관적인 시각을 갖추고 있다고 자부했던 나조차 한국을 떠올리면 김치, 싸우는 국회, 교육열, 삼성, LG 등이 상징적인 이미지라고 생각했는데 실제 내가 만난 많은 외국인들은 조금 다르게 알고 있었다.

　'아직도 전쟁 중인 분단국'

　'일본도 아닌데 삼성, LG 같은 대기업을 만든 나라'

　'이제 조금씩 잘 살기 시작한 아시아의 작은 나라'

　'피자를 좋아한다는 김정일의 나라 아래쪽에 있는 나라'

　'이름은 들어봤지만 뭐가 유명한지 생각나는 게 없는 나라'

　'일본에 이어 전자제품을 많이 만들어 파는 나라'

　이것이 내가 만난 세계인들의 한국이었다.

　하다못해 사람들이 나를 만난 반가움과 환영의 뜻으로 뭔가 한국에 대한 인사를 차린답시고 하는 말도 늘 중국과 일본 문화 관련 이야기였다.

　"아, 한국에서 왔구나! 나도 스시 좋아해. 아~ 호~, 쿵! 푸!"

　이런 식의 핀트가 어긋난 호감을 받아야 했던 기억이 난다. 스시가 한국 것인 줄로 잘못 아는 것이 아니라 일본 문화랑 비슷하다고 생각한 것이다.

이 모든 것들이 아직 분단국인 한국의 현실이요, 끝나지 않은 전쟁이 이어지고 있는 한국의 실제 모습이다. 황당하지만 이라크 전쟁의 후속 예고편을 브듯 남북한으로 나뉘어 미사일을 쏘아대는 뉴스를 보고, 느낀 그대로 적어 보낸 제프의 편지가 바로 그 증거다. 제프의 편지에 그려진 한국이 세계가 보는 진짜 한국의 모습인 것이다.

한국 사람은 외국 여행시 자기소개를 할 때 다른 외국 친구들보다 늘 한마디를 더 붙여야 한다.

"나는 북한이 아니라 남한에서 왔어요!"

그냥 '한국'에서 왔다고 하면 당연히 북쪽인지 남쪽인지 되묻게 되고 '서울'만 이야기하면 모르는 사람이 태반이니 말이다.

지구촌 유일의 분단국이라는 달갑지 않은 타이틀, 우리 세대에서 아예 끝낼 수는 없는 걸까? 한국을 좀 아는 사람들에게조차 내가 남한 출신인지 북한 출신인지 콕 짚어서 소개해야 하는 긴 통성명은 이제 그만하고 싶은데 말이다. 하필이면 20년 전 통일을 경험했던 독일을 여행하면서 피난을 오라는 메일을 받다니 조금은 아이러니하다는 생각도 들었다. 내친김에 지금은 관광명소가 된 베를린 장벽도 거닐어보았다. 베를린 장벽 입구 쪽의 게시판에 햇볕정책으로 남북정상회담을 했던 김정일과 고 김대중 대통령의 사진이 큼지

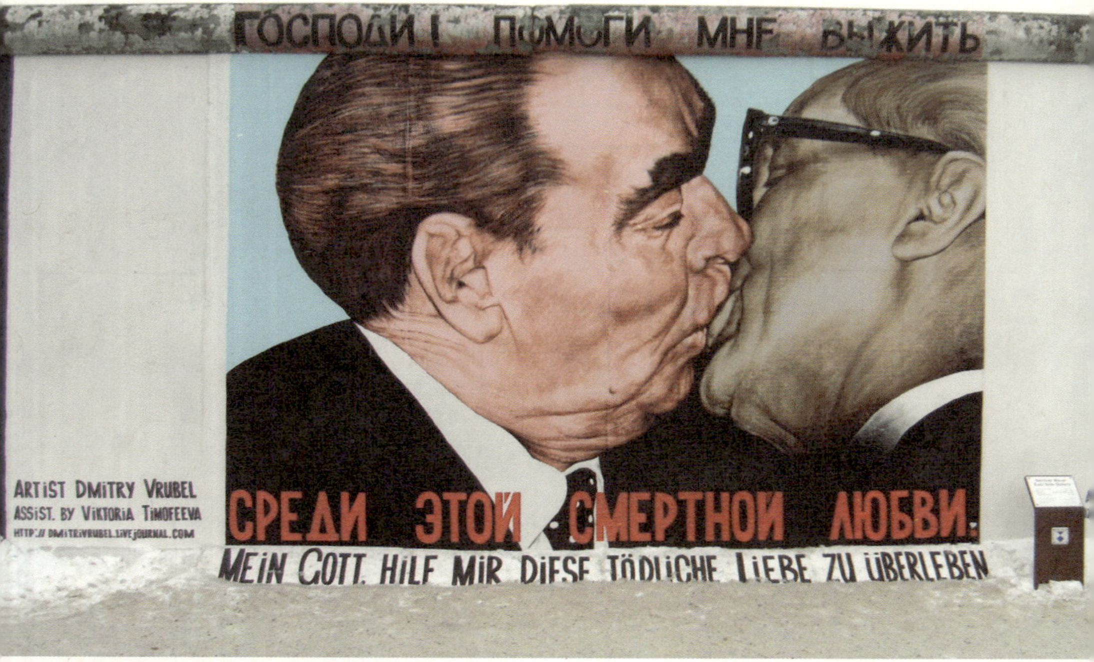
ГОСПОДИ! ПОМОГИ МНЕ ВЫЖИТЬ
ARTIST DMITRY VRUBEL
ASSIST. BY VIKTORIA TIMOFEEVA
HTTP://DMITRIVRUBEL.LIVEJOURNAL.COM
СРЕДИ ЭТОЙ СМЕРТНОЙ ЛЮБВИ.
MEIN GOTT, HILF MIR DIESE TÖDLICHE LIEBE ZU ÜBERLEBEN

Fuck your fobies!

UNG DER
RATISCHE
BERLIN

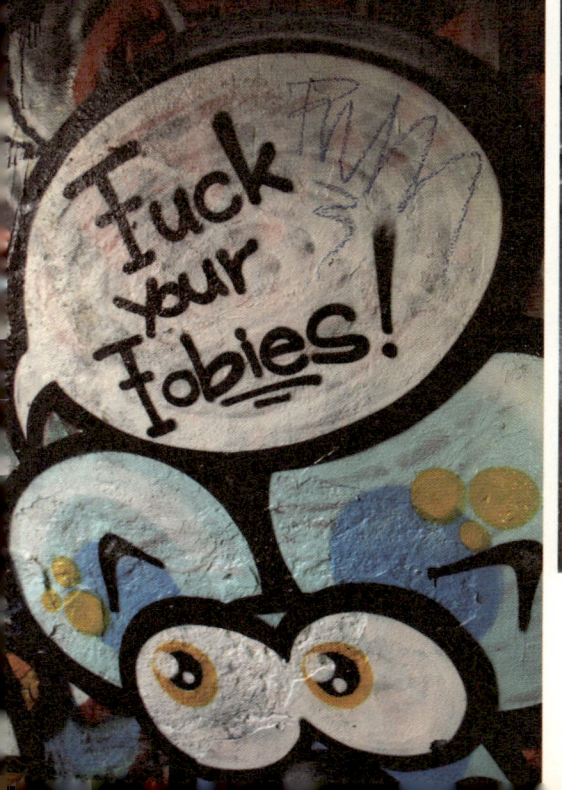

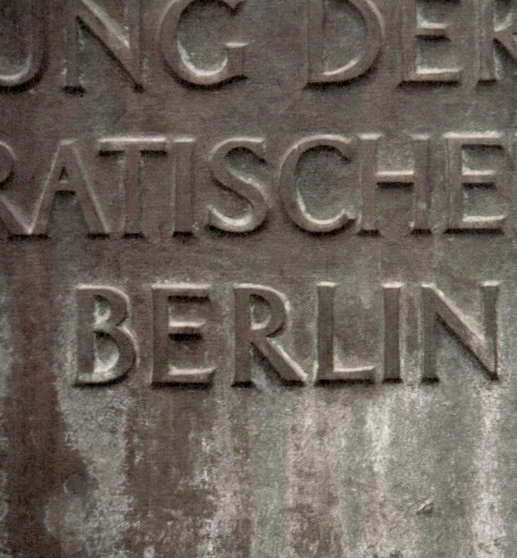

베를린장벽에 그려진 다양한 작품들. 유명한 '베를린의 키스'도 보이네.

막하게 붙어 있었다. 제프에게 답메일도 보냈다.

　"제프! 고마워. 나중에 피난 가게 되면 네가 제일 좋아하는 술 한 병 사가지고 갈게. 너는 늘 나를 놀래키는 재주가 있더라. 덕분에 많이 배웠어. 여행 중인 나를 염려해줘서 무엇보다 너무 고맙고 말야! 아직까지 분단의 현실이 끝나지 않았지만, 한국은 전쟁 이후 최단 기간에 비약적으로 발전한 유일한 나라야. 대한민국은 나처럼 작지만 만만치가 않다구! 그러니 내가 피난 갈 일이 생기지 않도록 기도해줄래? 제프네 집에는 조만간 불시에 들이닥칠 테니 긴장하셔~! 넌 꽤 괜찮은 친구란 말야. 고마워, 제프!"

오랜만에 뜬금없이 날아든 캐나다 친구 제프의 메일

Yoo;

Thank you so much for the post card! It is a beautiful card! I have placed your card atop my TV and look at your book and pictures! Thank you so much!

I am so sorry you lost your camera. That sucks terrible! But there are always people out there that would take advantage of other people! Especially foreigners who innocently travel through their country. I know you will be well though as you are a survivor and very strong person!

I am watching closely the news on North Korea and their plans to develop Nuclear War heads for missiles. It appears there is much tension between South Korea and North Korea. The USA certainly isn't helping much!!

I sincerely want to offer this to you and your family Yoo. If there are any problems please know that you and your family are welcome in Canada in my home to stay as long as you want should the need arise for you to leave South Korea. I believe they may resolve their differences but in the event they don't, you are welcome here in Canada.

I can easily pick you in Toronto and bring you to my home.

Well, again if there is anything you need please understand my offer is sincere and I am not joking. If you need anything please ask and I will do my very best to help you.

I am off to the Dominican Republic on the 13 for 7 days for fun in the sun!

Many hugs to you,
Jeff

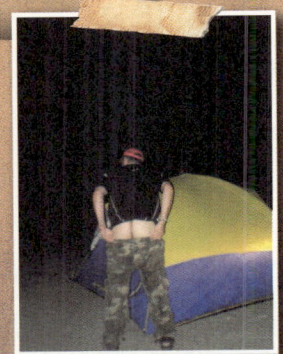

짓궂은 제프가 캐나다 집 근처에서 야영하며 찍은
자신의 엉덩이 사진을 새해 인사로 보내왔다.

The Man
쉿~ 유럽의 남자 이야기

유럽 남자와
사랑에 빠지다

유럽여행을 갈망하는 여행자의 비율이 절대적으로 여자에게 쏠려 있는 만큼 로맨틱한
유럽을 여행하면서 유럽 남자들에 대한 이야기를 어찌 빼놓을 수 있을까. "유럽이고
자시고, 각국 남자들에 대한 얘기만 써라. 그럼 대박이다!" 한 지인의 말이다.

실제로 긴 여행을 하다보면 다양한 나라에서 수없이 많은 사
람들을 만나게 되는데 당연히 그 절반은 남자였다. 태고적부터 여
자들의 운명적 짝꿍인 남자들은 국적을 불문하고 각기 다른 방법으
로 여자들에게 지대한 관심을 표해왔다. 예상대로 유럽의 남자들은
대부분 부드럽고 신사적이지만 때로는 음흉하기 짝이 없는 남자들
도 있었다. 특히 유럽 남자라는 캐릭터는 유럽을 꿈꾸는 한국 여자
들에게 좀 더 특별하게 여겨진다는 생각은 나만의 오해일까. 각종
영화에서 그려지는 이미지만 보더라도 좀 특별한 포장지에 감춰진
로맨틱한 선물 같은 존재가 유럽 남자라는 생각이 든다. 세세하게
뜯어보고 해부해보기 전까지는 말이다. 그 숙제를 지금부터 차근차

근 수다 떨듯 나눠볼 참이다.

자~ 여기 아프리카에 사는 추장 스타일의 남자와 남미의 안데스 산맥에서 나고 자란 남자, 그리고 유럽에서 와인과 치즈를 먹고 자란 남자 이야기가 있다. 어느 쪽이 더 궁금한가? 사실 지난 세계일주 때부터 세계 곳곳에서 다양한 남자들을 보아왔는데, 한국으로 돌아온 뒤 사적인 자리에서 늘 첫번째로 받던 질문이 아름다운 유럽에서 나고 자란 매너 좋은 유럽 남자들은 어땠냐는 거였다.

먼저 이런 상황을 떠올려보자. 한국에서 업계의 유망주로 이름 꽤나 날리던 까도녀가 유럽으로 여행을 왔다. 여자는 '열심히 일한 당신! 떠나라'라는 예전의 CF 카피처럼 일에 지친 자신에게 유럽여행을 선물하기로 하고 로마, 프라하, 바르셀로나 등 유럽의 대표적인 도시들을 유유히 날아다니며 멋진 유럽여행을 즐겼다. 그러고 이탈리아 베로나의 야외카페에서 운명적으로 한 남자를 만났고 둘은 곧 사랑에 빠졌다. 휴가는 짧았고 예상대로 둘은 사랑을 계속 유지할 것이냐 말 것이냐, 유지할 수는 있는 것이냐 하는 고민에 빠지게 되었다. 서울 광화문 한복판이 주무대인 여자는 오랜만에 찾아온 로맨틱한 사랑을 놓치고 싶지 않았지만 한국으로 돌아가야 했고, 남자는 충분히 한국으로 따라올 수 있는 상황이었다. 직업은 미용사였다.

유럽여행 중에 찾아온 로맨틱한 사랑. 둘의 사랑이 결국 어찌되었는지는 나도 모르겠다. 중요한 것은 유럽여행 중에 이와 유사

헤어스타일이 거의 예술 수준이니요. 축제 구경하는 구경꾼이 더 볼 만한 유럽.

한 경험을 하는 아리따운 한국 여성들이 적지 않다는 것이고 하나 같이 비슷한 고민을 경험한다. 그러고 며칠 후면 어김없이 현실적인 장벽에 부딪히고 만다. 그러나 고민은 이 두 사람만의 문제, 내가 진짜 하고픈 이야기는 유럽이라는 특별한 공간이 주는 '사랑의 다양성'에 대해서다.

　　직업의 귀천을 따지려는 것은 아니지만, 서울의 중심에서 잘 나가는 커리어우먼이 미용사 남자친구를 만날 확률이 한국에선 얼마나 될까? 이런 일상에선 보기 드문 로맨틱한 사랑이 그다지 어렵지 않게 일어날 수 있는 곳이 유럽이다. 유럽에선 그냥 여행을 하던 중 우연히 만나 이끌리는 자연스런 만남이 생각보다 자주 일어난다. 조건 보고 직업 보고 능력까지 차마 보지 않을 수 없는 한국에서 빠져나와 유럽으로 건너오는 순간, 다 무시하고 오로지 사람만을 보고 순수하게 빠져들 수 있는 용기가 샘솟는 것 같다. 한국에서처럼 '그 남자 강남에 집 있대!' '공과대 킹카였대!'라는 식으로 '그 남자 파리에 집 있대!' '귀족 집안이래!' 같은 불필요한 사전 정보를 주는 이가 없으니, 첫 대면에 순전히 사람 자체에 대한 이끌림만으로 가까워지는 진짜 로맨틱 러브 스파클이 일어난다는 것이다. 그렇기 때문에 많은 한국 여자들이 유럽여행 중에 찾아온 사랑을 더욱 로맨틱하고 짜릿하게 기억하는 건 아닐까? 영화 〈비포 선라이즈Before Sunrise〉(1995)에서 보았던 온전히 느낌만으로 빠져버리는 낭만적인 사랑이 유럽여행 중에는 생각보다 자주 일어난단 말이다. 그래서 유럽은 특히 여자들에게 의미 있는 공간인 것 같다. 유럽에선 에단 호크 같은 남자가 앉아 있는 기차를 종종 탈 수밖에 없으니까.

유럽이라는 공간이 주는 최대 혜택이 다양성이라면, 또 다른 유럽 남자의 장점으로 투철한 이벤트 정신과 영화 속 주인공 같은 외모를 빼놓을 수 없을 것 같다. 이런 식으로 유럽 남자에 대한 일방적인 찬양을 늘어놓기 시작하면 글을 쓰고 있는 내 이미지에도 그다지 좋을 것은 없을 테지만 일단 얘기가 나왔으니 솔직하게 털어놓을 수밖에. 사람의 외모가 모든 것을 좌우하는 결정적 요소는 물론 아니지만 인형 같은 파란 눈에 훤칠한 키, 이국적인 언어, 귀엽게 나를 따라하는 한국말 솜씨…… 어떻게 우리가 흐뭇해하지 않을 수 있겠는가. 그네들의 본성이야 각자 세심히 알아보면 될 일이고 일단 유럽 남자의 외모는 매우 착하다.

또 한 가지, 도저히 칭찬하지 않을 수 없는 유럽 남자들의 강점은 연인을 위한 투철한 이벤트 정신이 아닐까 싶다. 먼저 질문 하나, 전 세계적으로 유럽 남자보다 꽃을 자주 사는 남자가 과연 있을까? 그들은 연인과 함께 있는 시간의 질적 만족도를 높이기 위해 섬세하게 준비한다. 이 사랑스런 남자들은 연인을 위해 아름다운 저녁파티를 준비하고 직접 요리하기를 즐긴다. 주말의 자전거 여행을 위해 여자친구의 자전거 안장 높이를 키에 딱 맞게 미리 맞춰놓기도 하고 크리스마스 때는 쑥스러움을 무릅쓰고 기꺼이 루돌프 사슴 빨간코를 쓰는 거부할 수 없는 존재들이다. 선물을 줄 때는 반드시 먼저 눈을 맞추고 '난 너한테 완전히 빠져버렸어!'라고 또박또박 말한 후에야 선물을 건네는 존재들이 유럽 남자란 말이다. 비록 초라한 저녁 테이블일지라도 커다란 형광등을 끄고 작은 촛불을 밝힐 줄 아는 남자들이 내가 본 유럽 남자들인 것 같다.

한국과 연관되는 재미있는 유럽 남자의 에피소드도 있다. 많다고는 할 수 없지만 요즘 유럽에도 한국 음식 애호가들이 차츰 늘고 있는 추세인데 어느 한국 유학생이 만난 채식주의자 프랑스인 남자친구 얘기다. 이 남자친구는 생선조차 먹지 않는 골수 채식주의자였다. 그래서 여자는 같이 식사할 때마다 늘 채식주의자인 남자친구를 배려했고, 남자친구는 몸에 좋은 야채가 많이 들어간 한국 음식을 당연히 좋아하게 되었는데 특히 한국 고추장의 매력에 푹 빠져 온갖 음식에 고추장을 발라 먹는 마니아가 되었다. 그러던 어느 날, 프랑스 남자친구가 기가 막히도록 맛있는 고추장을 새로 발견했다며 더 사다달라고 부탁을 했다. 남자친구가 내놓은 고추장은 다름 아닌 튜브에 든 쇠고기볶음 고추장이었다. 채식주의자라 생선도 못 먹는다더니 지금까지 이걸 먹고 있었단 말인가? 여자는 너무 당황스럽기도 하고 웃음이 나왔지만, 한국어로 버젓이 '쇠고기'라고 써 있는 튜브 고추장을 다 쓴 치약을 쥐어짜듯 짜서 먹는 남자친구의 얼굴을 보니 차마, 차~~~~마 솔직하게 말을 할 수가 없었다고 한다. 남자친구가 진짜 채식주의자가 맞는지도 의심스럽지만 그 즐거움을 차마 깨뜨릴 수 없어서 말이다. 듣자 하니 이 프랑스 남자친구는 지금도 고기가 들어간 줄 모르고 쇠고기볶음 고추장을 밤낮으로 먹고 지낸다고 한다. '난 채식주의자야!'라면서.

그러나 설마 유럽 남자가 마냥 멋있기만 할 거라고 생각하면 오산이다. 사는 곳이 다를 뿐 사람 사는 모양새는 비슷비슷하여, 겉보기에 멋진 이곳 남자들도 이리저리 뜯어보면 단점이 많다. 특히 달콤할 것만 같은 유럽 남자들이 사귀던 연인과 헤어질 때는 속전속결로 찬바람이 얼마나 쌩~쌩 부는지 '냉혈인간, 진정 사랑은 했

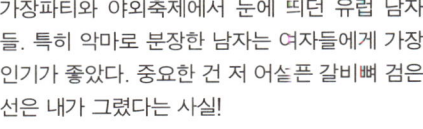

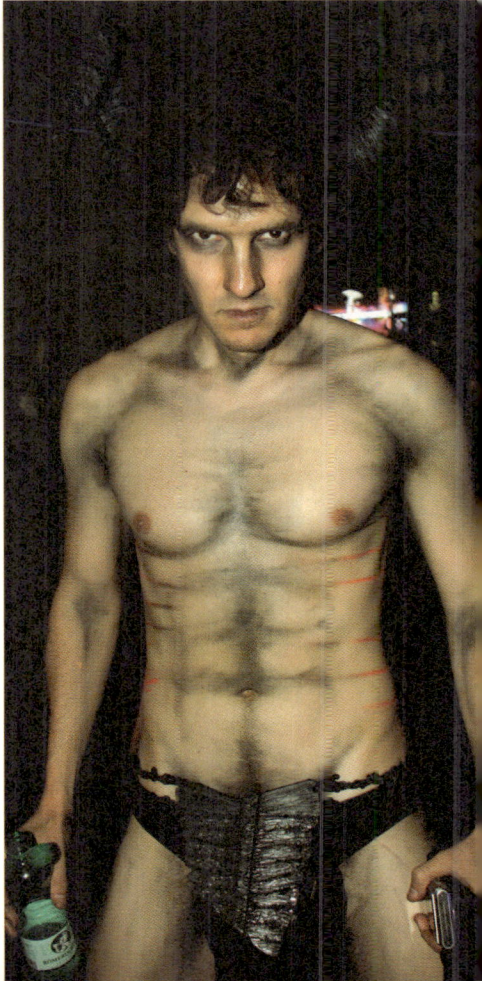

가장파티와 야외축제에서 눈에 띄던 유럽 남자
들. 특히 악마로 분장한 남자는 여자들에게 가장
인기가 좋았다. 중요한 건 저 어슬픈 갈비뼈 검은
선은 내가 그렸다는 사실!

던 거야?' 하는 의심이 들지 않을 수 없을 정도다.

또 유럽 여자들의 경험담을 들어보면 유럽 남자들에 대한 추잡한 이야기도 엄청나게 많다. 입이 떡 벌어질 수준의 습관적인 음담패설은 기본이어서 거기에 비하면 한국 남자들은 비교적 순수한 소년들 같다. 또 드높은 자존심에 겉으로 드러나지만 않을 뿐 아내와 자녀들에게 폭언과 폭력을 일삼는 폭력가장들도 의외로 많다고 한다. 그뿐이 아니다. 유럽에서는 독일과 오스트리아 남자들이 비밀리에 해외 섹스 관광을 많이 가는 것으로 알려져 있는데 독일 남자들은 미성년을 상대로 하는 태국 섹스 관광, 오스트리아 남자들은 부인 몰래 쿠바의 하바나로 섹스 관광을 자주 간다나.

거기다 미처 알지 못했던 재미있는 이야기도 있었다. 시골에

유럽 남자 Vs. 한국 남자

♂구분	♂유럽 남자	♂한국 남자
비주얼(외모, 패션감각)	★★★★★	★★★
매너	★★★★★	★★★★★
기사도 정신	★★★★	★★★★
애정 표현	★★★★★	★★★
데이트 비용 지출	★★★	★★★★
이벤트 정신	★★★★★	★
이별 후 냉각 속도	★★★★★	★★
유머감각(애교)	★★★★★	★★★
바람기	★★★★★	★★★

서 농사를 짓거나 여자를 사귀는 데 도통 재주가 없는 유럽 남자들의 경우에도 동유럽이나 동남아시아에서 얼마간의 사례비를 주고 신부감을 데려오는 '농촌총각 장가가기'를 하고 있다는 것이다. 특히 외모상 큰 차이가 없는 동유럽의 일부 국가와 필리핀, 태국 등지에서 주로 많이 오는데 중개소를 통해 유럽의 농촌으로 시집온 여자들에게 건네는 금액은 나라마다 천차만별이라고 한다.

이 밖에도 우리가 미처 알지 못했던 유럽 남자들의 또 다른 모습은 엄청나게 많다. 유별난 유럽 남자에 대한 이야기는 밤을 새도 끝이 없을 만큼 다양하지만, 어찌됐건 많은 사람들이 동경하듯 유럽에는 매너 좋고 멋진 남자들이 많은 것은 분명한 사실이다. 일반적으로 범접하기 힘든 아리따운 여자를 두고 가시 달린 장미에 비유하곤 하는데, 어찌 보면 우리 여자보다는 유럽의 남자가 이에 가장 어울리는 대상인지도 모르겠다. 보기엔 아름답지만 취하기엔 극복해야 할 가시 같은 애로사항이 많으니까 말이다. 그에 비하면 대한민국 남자는 뭐랄까? 잘 시들지 않고 오래가는 은은한 안개꽃, 아니 선인장이 맞겠다. 진정성은 있는데 보기엔 그다지 멋스러움은 없는 선인장.

순전히 사적인 시각에서 지금까지 관찰해온 유럽 남자와 한국 남자의 특징을 재미삼아 비교해보았다. 유럽을 다녀와본 여러분은 어느 쪽에 더 점수를 줄까? 🌸

유럽 남자들은
동양 여자를 좋아한다?

유럽일주를 하는 동안 남녀를 막론하고 반복적으로 같은 질문을 던져봤다. "유럽 남자들이 정말 동양 여자를 좋아해? 왜?" 그때마다 유럽의 남녀 모두 뉘앙스는 조금씩 차이가 있더라도 같은 단어를 써서 대답했다. 동양 여자는 뭔가 스위트할 것 같다는 거다.

유럽 남자들은 정말 동양 여자를 좋아하는가? 먼저 간단하게 답하자면 "Yes"다. 유럽의 남자들이 동양 여자를 선호하는 경향은 유럽의 여자들조차 이미 알고 있는 사실이다. 유럽 남자들은 작고 이국적인 느낌의 동양 여자들을 매우 좋아하고 귀엽다고 생각한다. 여기서 이국적이라는 단어는 그네들의 입장에서 까만 머리에 까만 눈동자의 동양미를 의미하는 것이다. 거기다 요즘 유럽을 종횡무진 하는 동양 소녀들은 옷도 예쁘고 세련되게 입어서 더욱 반응이 좋다. 유럽을 여행하거나 잠시라도 거주해본 여자들이라면 누구라도 유럽 남자들이 사정없이 쏘아대는 작업 추파를 받아봤을 것이다. 동양 여자들에 대한 유럽 남자들의 뜨거운 관심 표현은 때와 장소를 불문하고 나타나는데 심지어 왁자지껄한 시장 바닥에서도 흔하게 볼 수 있는 장면이다. 반면 그게 문제다.

　유럽 남자들은 동양 여자는 뭔가 스위트sweet 할 것 같다고 여기는데 내가 보기에 문제는 이 '스위트'라는 단어의 진의다. 유럽 사람들이 말하는 동양 여자들의 달콤함에는 단순히 애교 많고 착해 보인다는 뜻 이외에 지극히 독립적이고 강한 유럽 여자들과 정반대라는 뜻이 포함되어 있다. 영국인 친구의 말에 의하면 유럽 여자들은 뭐든지 남자들이랑 똑같이 하려고 들고 맞먹으려 하는데 동양 여자들은 그렇지 않고 약해 보이며 의존적이고 상냥하다는 것이다. 뭔가 기분 나쁜 칭찬이다.

　이유야 어찌되었건 요즘 유럽 남자들 사이에서 동양 여자에 대한 이미지는 매우 좋은 편이다. 물론 한국과 일본, 중국 계열 그리고 동남아라는 세 그룹으로 나뉘지만, 여기에는 '일본은 그냥 일본이지 아시아가 아니다'라고 말할 만큼 드높은 일본의 국가 이미지와 세련된 일본 여자들 그리고 삼성, LG 같은 세계적인 한국 기업 덕분에 비교적 양호한 경제 발전을 갖추기 시작한 한국의 예쁜 여자들의 이미지가 과거 초라한 '아시아걸'들에서 세련되고 예쁜 동양 소녀들을 기억하게 만든 것 같다.

　반면 동양 여자들을 가볍게 보는 경향도 적지 않다. 정확히 원인을 짚어내기는 어렵지만 동양 여자들은 좋을 때 '좋다', 싫을 때 '싫다'라고 표현하는 것이 비교적 확실하지 않고 일반적인 의사표현도 유럽 여자들에 비해 적극적이지 않다. 내가 보기에 이런 차이는 단지 언어적인 한계 때문이 아니라 자라온 습관과 교육 때문인 듯하다. 또 동양 여자들은 외견상으로 보이는 물리적 파워도 당연히 없다. 작고 약하다. 거기다 남의 지역을 잠시 여행하는 것이니 늘 조심하고 주의하는 탓에 약간은 긴장하는 듯한 인상도 뭔가 자신감 부족으로 비춰질 수 있지 않을까? 물론 이런 점들이 절대적인 원인이라고 장담할 순 없다. 그러나 유럽을 여행해본 많은 한국 여자들이 거리에서 수많은 남자들의 추근덕거림을 당하면서 진정 우리의 매력에 이끌려오는 것이 아니라, 그냥 한번 찔러보는 식의 가벼움에 순간 자존심이 상한다는 느낌을 받았었다고 하소연하곤 한다. 나는 이것이 유럽 거리의 찌질한 남자애들에게조차 긴장감을 주지 못하는 만만함 때문이라고 생각한다.

이런 동양 여자를 노리는 유럽의 '작업남'이 의외로 많다. 이들은 동양 문화에 해박한 지식을 자랑하며 쉽게 다가온다.

런던의 지하철 환승역에서 기차에 들고 탈 생과일주스를 사기 위해 과일주스 가게에 들렀다. 유난히도 친절한 남자 점원이 먼저 일본어로 '곤니찌와~' 하며 인사하길래 한국인이라고 했더니 금세 '안녕하쎄여!' 하는 거였다. 좀 적극적인 상인을 만나면 유럽에선 늘 있는 일이니까 크게 놀라진 않고 기분 좋은 웃음으로 점원에게 답례를 했다. 음료를 주문하고 멀리 보이는 전광판을 확인하는 순간 어디선가 많이 들어본 듯한 익숙한 리듬이 귀에 들어왔다. 순간적으로 깜짝 놀라 과일껍질을 깎고 있던 점원을 바라보니 눈치챘냐는 듯이 내게 윙크를 했다.

한국에서 히트 중인 아이돌 그룹의 신곡이었다. 방금 전까지 무표정했던 나는 언제 그랬냐는 듯이 순식간에 반가움을 표하며 점원에게 어떻게 한국 음악을 갖고 있냐는 등 이것저것 관심 있게 물어보기 시작했다. 끝없이 친절한 남자 점원은 과일주스 한 잔을 만드는 동안 자신의 전 여자친구가 한국 유학생이었고 특별히 한국을 좋아하며 지금 자신은 무척 외롭다는 점 그리고 여행자라면 휴일에 자신이 런던 구경을 시켜주겠다는 제안까지 빼놓지 않고 이야기했다. 점원은 영어가 서툰 동양인인 나를 위해 또박또박 알아듣기 쉽도록 일부러 신경써서 말하고 있다는 사실도 눈빛으로 이야기했다.

이런 일들은 굳이 나뿐만이 아니라 유럽으로 여행 간 많은 한국 여자들이 수시로 겪는다. 동양 여자에 대해 아는 것이 많은 유럽 남자들이 일부러 우리가 좋아할 만한 정보를 가지고 쉽게 다가오는 것이다. 더구나 나처럼 사람 보는 눈도 없고 귀는 기름종이보다 얇은 단순한 사람들은 한국의 문화를 익히 알고 있는 유럽 남자를 만나는 순간 앞뒤 분간을 못하고 쉽게 넘어가는 게 다반사다. 그렇다고 동양 여자에 대해 아는 것이 많은 유럽 남자들을 죄다 한통속으로 묶어 순수한 감정이 없다고 간주하는 것은 물론 옳지 않다. 다만 크게 볼 때 두 가지 경우가 있는데 하나는 진실한 사랑이요 다른 하나는 본토에선 외면받는 비주류일 가능성이다. 그런 남자들이 의외로 많고 의심해볼 만한 정황이 이곳저곳에서 다양하게 포착되고 있으니 염두에 두라는 것이다.

일례로 유럽에서 태어나거나 오랜 시간 거주해온 한국 또는 일본 여자들의 경험담을 들어보면 의외의 대답을 들을 수 있다. 유럽 남자 중에 동양 여자를 사귀는 남자들은 이상하게 항상 동양 여자만 사귄다는 것이다. 우리 동양 여자들에게 우리도 몰랐던 떨칠 수 없는 중독성 같은 게 있는 것일까? 어느 나라에나 많은 중국인들이 이곳에서 태어나 유럽인들과 함께 살아가고 있으니 유럽 남자를 사귀는 중국인 여자의 숫자는 당연히 많다. 또 유럽 사람들이 선호하는 일본과 일본 여자들에 대한 인기는 길게 설명이 필요가 없을 정도다. 거기다 유럽에서 유학 생활을 하는 한국인 유학생과 예쁜 여행객들도 유럽에서 어렵지 않게 남자친구를 사귄다. 다른 아시아에서 건너온 귀여운 소녀들도 마찬가지로 유난히 친절한 유럽 남자를 만나 순식간에 사랑에 빠진다. 그리고 그녀들의 남자친구가 이상하리만치 동양의 생활상식을 많이 알고 있음을 발견하게 된다. 처음엔 적극적인 관심의 표현인 것 같아 흐뭇하다가도 시간이 지나면 어떻게 이토록 우리의 생활문화를 속속들이 알고 있는지, 우연이라도 동양 여자만 지속적으로 사귀어온 그의 독특한 이력이 의아할 때가 있다.

유럽일주 중에 내게 다가왔던 남자들 중에서도 런던의 과일주스 점원과 비슷한 경우가 많았다. 흔하디 흔한 작업이라 생각하

여자의 마음을 잘 알고 자상한 유럽 남자들. 머리에 리본 꽂고 거울 보면서 여자친구를 이해해보려는 걸까? 단순한 나르시시즘?

며 적당히 대화를 주고받아보면 의외의 부분까지 알고 있어 놀라지 않을 수 없었다. 한국 여자 중에서도 서울 출신과 지방 출신 여자들의 차이점을 파악하고 있거나 일본은 패션감각이 좀 세련됐고 아시아 내에서는 비교적 한국 여자들이 예쁘다고 평가받고 있음을 알고 있었다. 김치, 비빔밥, 나또, 사케는 기본이고 심지어 갓김치를 좋아한다는 유럽 남자도 있었다. 또 각 나라별 경제 수준이 어떤지 아는 것은 기본 중의 기본이며 외모만 보고도 한국인지, 일본인지, 대만인지 국적을 구분할 수 있었다. 특히 한국의 여대생들이 서양 남자들에게 매우 우호적이라는 말도 어렵지 않게 들을 수 있다. 일종의 마니아 수준이다.

나 또한 이런 유럽 남자들에 대해 개인적인 의구심을 갖고 있다. 잇달아 동양 여자만 사귀는 유럽 남자들이 본토의 유럽 여자들에게는 잘 어필하지 못하는 것 같다는 근거 없는 추측이다. 사람을 보는 개인적인 취향은 엄연히 서로 다르고 모두가 그렇다는 것은 아니니 오해는 하지 말길 바란다. 실제 이 경우에 해당하는 누군가의 남자친구가 기분 나쁠 수도 있으니 자세한 이야기는 그만두겠지만, 한마디로 유독 동양 여자에게만 접근하는 유럽 남자들은 대체로 매력남이 없었다.

올 초 제니라는 홍콩 소녀, 자유연애를 실천하는 영국인 친구 아나와 함께 런던 사우스뱅크의 카페에서 대화를 나눴다. 제니는 이 여행 중에 우연히 알게 된 영국 남자와 연애를 시작했는데 아예 영국으로 살러 올까 고민 중이었다. 성격이 똑 부러지고 냉철한 아나는 사랑을 위해 동거를 하거나 거주지를 옮겨오는 것은 찬성하지만 뭔가 제니의 것을 다 포기하고까지 오는 것은 현명하지 않은 것 같다며 이렇게 충고했다.

"동양 여자들이 귀엽고 예쁜 건 알아. 하지만 그녀들이 남자친구를 만나는 곳이 왜 항상 거리고 카페야? 잘나가는 남자들은 평일 낮 그 시간에 거리에 없어, 회의실에 있지."

바라건대 진심으로 한국을 사랑하고 동양 여자를 사랑하는 우리의 외국 남자친구들이 근거없는 오해를 받지는 않았으면 좋겠다.

그러나 한국 여자들이 유럽여행 중에 한번쯤 만났을 법한 자상하고 매너 좋은 남자들의 유혹, 특별히 기억날 만한 추억도 없는데 무작정 사랑한다며 다가오는 남자들이 정작 본토의 여자들에게는 환영받지 못하는 아웃사이더는 아닌지 의심해볼 일이다. 🐾

등허리에 얹어진
남자의 손은 매너, 즐겨라!

공공장소에서 발생하는 남녀간의 가벼운 스킨십은 신체적으로 좀 더 강인한 남자가
여자들을 보호하기 위한 매너일 수 있다. 특히 여자의 등허리에 살짝 얹어진 남자의
손은 방향을 알리고 주의를 환기시키는 기능적 매너이다.

지난해 한국에 들어갔을 때의 일이다. 후배 A가 나와 친분이
있던 노총각 B씨를 위해 소개팅을 주선했다. 당연히 잘 이어지길
바라며 성공적인 데이트를 빌어줬지만 얼마 후 결과를 들어보니 여
자 쪽에서 B씨를 싫다고 했다는 거였다. 내가 알기로 B씨는 보면
볼수록 진국이었는데 성사되지 않았다고 하니 좀 가여웠다. 그래서
원인이나 알까 싶어 소개팅녀가 무엇 때문에 싫어하더냐고 A에게
물었다. 그러자 후배 A가 하는 말.

"어으~ 글쎄, B씨가 자꾸 허리에 손을 댔다나봐요~!"

아줌마 수다 같은 이 얘기를 듣자마자 내가 잠시 한국의 분위
기를 잊고 있었다는 생각에 피식 웃음이 났다.

상황은 이랬다. 나름 정중하고 매너 있는 데이트를 위해 B씨는 공연장 객석이나 레스토랑으로 들어설 때 그녀의 등쪽 허리 부분에 슬쩍 손을 대고 이끌었던 것이다. 당사자가 아닌 이상 B씨가 소개팅녀의 허리를 얼마나 느끼하게 만졌는지는 모를 일이지만, 내가 보기엔 충분히 있을 수 있는 남자의 가이드 수준이었던 듯싶다. 그리고 여자는 그런 남자의 접근이 싫었던 것이다. 평소 B씨의 성품과 서툰 데이트 솜씨를 익히 알았던 나는 상황이 충분히 짐작이 됐다. 웃기지만 당혹스럽기도 해서 농담을 던졌다.

"데이트하는 남자가 여자를 케어하는 건 의무야. 손을 허리에다 안 대면 어디에 대? 엉덩이?"

약간 우습기도 하고 얼마든지 있을 수 있는 오해이긴 하지만, 요즘처럼 서양 문화가 많이 도입된 상황에서 이런 정도의 스킨십은 크게 문제시할 필요가 없지 않을까 싶다. 아직은 좀 서툴지만 자신들의 파트너를 위해 매너를 익혀가고 있는 한국 남자들의 사기를 꺾느니, 차라리 개인적인 성향을 들어 고맙지만 조금 불편하니 하지 말아달라고 요구하는 것이 낫지 않았을까. 마치 남자가 변태적인 행동이라도 한 것처럼 몰아붙이는 건 우리 자신에게도 그다지 좋을 것은 없을 것 같다.

이런 가벼운 스킨십은 유럽에선 흔하다. '비주'라고 남녀 상관없이 헤어지거나 만날 때 서로 웃으며 양쪽 볼에 슬쩍 뽀뽀하는 게 있다. 입으로 가볍게 '쪽' 스리를 내주는 센스도 필요하다. 기본적인 인사치곤 꽤나 스킨십 농도가 진하다 싶을 수도 있지단 서로간의 따뜻한 마음을 나누기엔 이보다 더 좋은 방법이 없는 것 같다. 처음엔 나도 이 강렬한 인사법에 무척이나 당황하고 어색해했지만 지금은 자연스럽게 인사할 수 있게 되었고 불필요하게 생기는 경계심을 푸는 데도 효과가 좋다는 생각이다. 또 좁은 복도를 지나거나 입장할 때도 유럽 남자들은 팔을 들어 감싸거나 방향을 제시하여 기꺼이 여자들에게 순서와 공간을 양보한다. 거기다 필요하면 등허리에 손을 살짝 얹고 주변의 장애물로부터 여자를 보호하며 안정감을 제공한다. 이런 행동은 어린 후배들이나 꼬마들을 상대할 때 주변 장애물에 닿는 것을 방지하기 위해 나도 곧잘 하던 행위 중에 하나다. 공공장소에서 발생되는 남녀간의 사소한 터치는 신체적으로 좀 더 강인한 남자가 여자들에게 지켜야 할 매너요 일종의 의무다. 특히 여자의 등허리에 가볍게 닿는 남자의 손은 방향을 지시하고 주의를 환기시키는 매우 기능적인 매너라고 생각한다.

　　물론 지나치게 허리에 팔을 감거나 불필요하게 몸을 밀착시키는 건 파트너인 여자를 단순히 보호하겠다는 뜻을 넘어 적극적인 애정표현이므로 이 시점부터는 정확한 의사표현이 필요하다. 기본적인 예의를 지키는 사이를 넘어서고 싶다는 적극적인 의사표현이다. 그러나 그것이 아니라면 때에 따라 등허리에 가볍게 얹어지는 남자의 손은 여성들을 존중하는 매너이니 편하게 즐겨보면 어떨까. 과도하게 해석하여 신사의 매너를 익혀가는 한국 남자들의 기를 굳이 꺾을 필요는 없으니까 말이다. 🅜。。

한국 남자를 매너남으로 만드는 여자들의 전략

1. 남자의 매너 있는 행동을 기분 좋게 칭찬해준다.

한국 남자들은 낯간지러운 매너를 아직은 좀 쑥스러워하는 경향이 있다. 이런 남자의 매너를 용기로 간주하고 좀 더 과감하게 발휘하도록 거침없이 칭찬해주자.

2. 신사의 매너는 숙녀에게서 나온다.

데이트 때 품위 있게 갖춰 입는 것만으로 신사적 매너를 유도할 수 있다. 단순히 귀엽고 예쁜 것을 지향하기보다는 품격 있는 숙녀처럼 행동해보자. 그럼 남자도 기꺼이 신사가 되어주지 않을까?

3. 가방을 들어주겠다는 호의를 두 번 이상 사양하지 말자.

나처럼 지나치게 독립적인 여자들이 곧잘 범하는 실수다. 쌀쌀한 날씨에 겉옷을 벗어주는 남자의 호의를 대뭉차게 뿌리치는 것도 실례다. 적당한 호의는 감사하게 받는 게 맞는 것 같다.

4. 레스토랑에서 남자가 메뉴를 고를 때는 가차 없이 빼앗는다.

아는 척하느라 메뉴판을 쥐고 안 놓는 한국 남자들이 가끔 있다. 얼른 먹여서 보내고 다시는 만나지 말자.

5. 차 없는 남자 욕하지 말고, 매너 없는 남자를 욕해라.

차는 벌어서 사면 되고 안 되면 사주면 된다. 그러나 신사의 매너는 여자를 존중하는 마음이 없으면 절대로 가질 수 없는 것이다.

performance in Europe

● 관객에게 개밥 주는 공연

공연이 진행될 창고 건물에 들어서니 이미 60여
명의 관객들이 양쪽으로 마주보고 길게 앉아 있
었다. 잠시 후 두 명의 배우가 나오더니 검은 개
밥 그릇을 관객들 앞에 주르륵 늘어놓는다. 곧
커다란 사료부대를 가져와 관객들에게 사정없
이 뿌려대기 시작했다. 옆사람에게 통역을 부탁
했더니 한마디로 이거였다.
"이 개만도 못한 인간들아, 정신 좀 차려라."

● 취재 온 사진기자를 경찰에 넘기는 배우

거리연극의 묘미는 역시 즉흥성이다. 또 그런 배우들의 연기를 사진으로 남겨
야 하는 사진기자들과는 악연이기 마련이다. 공연하는 배우 입장에서는 얼마
나 거슬리는 존재일까? 거리공연을 취재하던 사진기자가 결국 공연 중인 배우
의 심기를 건드리고 말았다. 말없이 몸으로만 표현하는 형식의 공연이었는데,
여자 배우가 사진기자를 온몸으로 밀어내며 진저리를 치더니 때마·침 그곳을 지
나가던 경찰차를 잡아 세웠다. 기가 막힌 타이밍에 관객들은 포복절도했고 경
찰도 황당해하기는 마찬가지였다. 결국 사진기자는 눈치 빠른 경찰에 이끌려
경찰차를 타고 퇴장하고 말았다. 예술가는 불가능을 가능하게 만드는 천재다.

● 달리는 전철을 세울 수 있는 사람은 누구?

한 여자가 달리는 전철을 향해 소리친다. 꿈쩍도 않는 전철을 향해 위험스럽게 달려가더니 급기야 달리는 전철 앞에서 그대로 누워버렸다. 관객들은 아슬아슬한 거리 퍼포먼스에 어디까지 즉흥이 가능한가 흥미있게 바라본다. 결국 전철은 섰지만, 전철을 운전하던 기사가 뛰쳐나와 한바탕 더 요란하게 소동을 일으켰다. 과연 예술인가, 민폐인가?

● 초원 위의 에스키모, 북극으로 이사가나?

유럽의 퍼포먼스는 독특한 아이디어와 비주얼로 시선을 집중시키는 데는 탁월한 재능을 보이는 것 같다. 본 궤도에 올라가면 제법 흔들리는 공연도 많지만 어쨌든 첫눈에 관객들의 시선을 사로잡는 재주가 늘 웃음을 줬다. 초원 위의 생뚱맞은 에스키모 퍼포먼스도 예외가 아니었다. 금발의 어린 소녀도 초원에 나타난 에스키모인을 멍~하니 바라만 본다. 밧줄로 이글루를 끌고 어디로 가는 걸까? 곰가죽 같은 털옷을 입었으니 이날 배우는 땀을 엄청나게 흘렸을 듯하다.

Living

유럽에서 살아보기

'OohLaLa' 한 달만
파리지앤느로 살아보자

파리지앵, 파리지앤느라는 단어를 읊조리는 순간 나도 모르게 입에서 달콤한 향이
새어나오는 것 같은 근거 없는 환상. 전통과 현대가 끝없이 교차하는 신기루 같은 파리의
에너지가 나는 마음에 든다. 딱 한 달 동안, 드라마와 현실을 뒤섞은 파리지앤느가 되어본다

대학 시절 감행했던 유럽 배낭여행을 시작으로 사회인이 된
이후 업무상 출장, 공연 따라 세계일주, 문화축제를 취재하는 지금
의 유럽일주 덕분에 프랑스의 파리는 내게 있어 사실상 유럽 이곳
저곳을 오가며 수시로 들르게 되는 베이스캠프 같은 곳이 되었다.
프로 산악인들이 오랜 준비 끝에 정복하고자 하는 산의 초입에 다
다라서, 잠시 숨을 고르고 다시 한 번 목표물을 정탐하며 묵묵히 전
쟁 같은 모험을 즌비하는 구름 아래의 공간, 그 베이스캠프가 내게
는 프랑스 파리다.

빛으로 뒤덮인 뾰족한 철탑일 뿐인 에펠탑 앞에서 한 시간씩
이나 시선을 빼앗기고도 차마 발길을 돌리지 못하는 파리는 우리에

게 어떤 의미일까? 가만히 생각해보니 TV 드라마와 영화에서 그려지는 파리의 모습은 그야말로 천편일률적이다.

보통 스크린 속의 파리지앤느들은 빵이 아닌 바게트 신을 믿는 교인들 같다. 빵을 먹을 때는 유난스럽게 냄새를 맡고 바게트를 사서 걸어갈 때는 뭔가 쿨하게 한 번 뜯어 먹어줘야 할 것 같다. 레스토랑에서 먹음직스러운 음식이 나오면 접시가 테이블에 닿기도 전부터 온갖 호들갑을 떨고 먹는 내내 요리에 대한 과장된 찬양을 늘어놓는다. 또 치즈를 살 때는 뭣 좀 안다는 듯이 세 번 정도는 까다롭게 꼬치꼬치 질문해야 할 것 같고 지역명을 말해줘도 모르면서 꼭 산지를 물어보곤 한다. 산책을 나갈 때는 반드시 개를 끌고 나가야 하고 다른 개주인을 만나면 개와 주인을 동시에 바라보며 '봉주르~' 인사는 필수다. 검은색 쫄바지에 운동화 차림은 파리에서의 안정적인 생활을 상징하는 트레이드마크다. 특히 파리의 지하철에서는 멋진 트렌치코트와 높은 하이힐을 신고 늘 빠르게 걸어야 하고 거리 악사를 만나면 손가락을 까딱거리며 음악 좀 안다는 듯 리듬을 타줘야 한다. 무엇보다 중요한 파리지앤느의 기본. 센강을 사랑하되 절대로 유람선은 경시해야 하고 카페에선 눈보라가 몰아쳐도 무조건 야외로 나가 커피를 주문해야 한다. 그러고 외친다.

'올랄라OohLaLa~~!'

이런 피곤한 파리지앤느는 드라마 주인공에게나 주어버리자. 더 이상 매력 없다.

내가 보기에 파리의 진짜 매력은 고전미와 현대적 요소가 절묘하게 어우러진 점이다. 이 세상에 존재하는 모든 감성과 색채를 골고루 만족시킬 수 있는 팔색조 같은 곳, 파리. 파리에서만 느낄 수 있는 감각적이고 로맨틱한 도시적 분위기, 자유로운 청년들의 웃음, 센강에서 불어오는 기분 좋은 강바람, 패션 리더들이 모여 산다는 환상, 매일 걷고 싶게 만드는 거리, 어둑어둑하고 그로테스크한 뒷골목을 화폭처럼 멋스럽게 둔갑시키는 흩날리는 낙엽들…… 파리가 남다른 사랑을 받는 이유는 바로 이런 생활의 낭만스러움과 자연스럽게 배어든 예술적 색채 때문이 아닐까 싶다.

또 한 가지, 파리를 남달리 좋아하는 이유는 내가 연모했던 한 남자가 살고 있는 곳이기 때문이기도 하다. 무엇을 상상하는지 도무지 가늠조차 할 수 없는 천재 프랑스 연출자 자크 이브 말이다. 낮에는 소매치기를 만나고 거리에는 무방비로 뿌려진 개 오줌자국이 넘쳐날지라도 그가 숨 쉬는 파리의 하늘 아래 잠시라도 함께 있고 싶을 만큼 나는 그의 상상력을 오래 전부터 동경해왔다. 거기에 파리지앤느라는 말을 읊조리는 순간부터 나도 모르게 입에서 달콤한 향이 새어나오는 것 같은 근거 없는 환상, 전통과 현대가 끝없이 교차하는 신기루 같은 파리의 에너지가 나는 마음에 든다. 그래서 딱 한 달 동안만 드라마와 현실을 뒤섞은 멋진 파리지앤느가 되어보기로 했다.

시간이 짧으면 뭐든 판타지가 될 수 있지만, 넉넉한 시간이 주어지면 잔인하도록 현실적인 생활이 되는 법이다. 그렇기에 한 달

저토록 아름다운 에펠탑이 한때는 흉물스런 골치덩이 취급을 당했다니…… 흐리고 안개가 낀 날이면 에펠탑은 더욱 힘을 내어 은은한 빛을 내뿜곤 한다.

은 결코 짧지 않은 시간이었다. 무엇을 해야 멋지고 아름다운 파리지앤느로서의 추억을 만들 수 있을까? 생활은 일상이다. 나는 한 달 동안 그들의 일상을 그대로 훔치는 작업을 해볼 참이다. 뭔가 특별한 이벤트를 만들기보다는 그들의 일상을 그대로 느껴보는 것만이 진짜 경험임을 나는 그 누구보다 더 잘 안다.

먼저 파리 16구역에 작은 방을 빌리고 매일 끼니를 안정적으로 확보할 수 있는 시시콜콜한 생활정보들을 익혀두었다. 동네 우체국과 도서관, 문화센터, 맛 좋기로 소문난 빵가게, 값이 싼 과일가게, 주말마켓과 분위기 좋고 물도 좋은 카페까지…… 여행자의 전공인 생활지도 그리기를 하루 만에 끝냈다. 중간중간 요긴한 정보를 가져다줄 지인들과 간단한 약속들도 잡았다. 공연 관람, 주말마켓, 지인들, 문화기관, 같은 잡지에 글을 연재하는 파리의 통신원들까지…… 파리를 속속들이 알게 해줄 스케줄이 조금씩 늘어갔다.

한 번쯤 파리 생활을 체험해보고픈 욕구도 있었지만 사실 파리에서 여행을 멈춰야 했던 진짜 이유는 따로 있었다. 출판사로부터 이 책의 원고를 빨리 끝내달라는 연락을 받은 터라 어쩔 수 없이 여행을 일시 중단해야 했고 겸사겸사 파리에서 현지인 흉내를 내게 되었다. 말 그대로 지금 내가 이야기하듯 들려주는 대부분의 글귀들은 많은 한국 친구들이 동경하는 파리의 퐁피두센터 3층 도서관의 우측 창가 자리, 그리고 샤틀렛 거리의 야외카페에서 주로 썼다는 사실을 말해주고 싶다.

청국장 냄새보다 더 지독한 프랑스 치즈의 구린맛

이렇게 나의 짧은 파리 생활이 시작되었다. 파리의 동쪽 어딘 가에서 열리는 노천시장을 찾아가 생선도 사보고, 동네 수영장도 가보고, 작지만 아늑한 마을 도서관도 곧잘 이용하며 파리 사람들의 생활패턴을 하나하나 따라해보는 재미가 쏠쏠했다. 가끔은 고맙게도 추파를 던져주는 버터향 물씬 풍기는 프랑스 남자를 만나 데이트도 해봤다. 실망스럽게도 별 재미는 없었다. 눈이 어찌나 이글이글 타오르던지 도무지 느끼해서 커피맛이 나질 않았다.

그러나 시간이 흐를수록 현지인처럼 행동하는 나를 발견할 때는 새삼스러움에 슬쩍 웃음도 났다. 예를 들면 아무도 가르쳐주지 않았는데 자연스럽게 빵과 바게트를 매일 꼭 한 개씩만 사서 먹는 습관 같은 거다. 이젠 여행이 아니라 거주자가 되었으니 매일 신선한 빵을 맛보려고 반드시 딱 한 끼 양만 구입하는 것이다. 또 주말마다 동네에서 열리는 파머스마켓farmer's market에 가 이것저것 구경도 하고 먹고 싶은 음식 재료들을 사다가 요리도 했다. 특히 치즈와 올리브를 직접 만든 농부와 눈을 맞추며 사먹는 재미가 일품이었다.

치즈를 맛있게 먹는 새로운 방법도 알게 되었다. 모르비에 치즈를 과즙이 많은 배와 함께 먹는 거다. 보통 치즈는 순수하게 치즈만 먹거나 와인과 곁들이는데 과일도 이토록 치즈의 풍미를 높여주다니…… 놀라웠다. 한국 배와도 어울릴지는 아직 시험을 해보지 않아서 잘 모르겠다. 한국 가서 이렇게 먹을 수 없다면 너무 슬플 것 같은데 말이다. 모르비에 치즈는 제작 과정까지는 자세히 모르

파리의 동부 주말마켓에서 내가 주로 찾
아간 가게들. 치즈 구멍에서는 금방이라
도 만화 속 꼬마 생쥐가 삐죽 고개를 내
밀 것 같네.

겠으나 치즈 전문 가게에서 크고 두꺼운 원반 모양 치즈 중에 중간 부분에 검은색 줄이 가 있는 것을 찾으면 된다. 중간에 있는 검은색 띠는 언뜻 곰팡이인가 싶지만 곰팡이는 아니라고 하니 그냥 먹어도 된다. 물론 나처럼 치즈에 이미 입맛이 길들여진 사람들은 청국장 냄새에 가까운 프랑스 치즈의 구린내를 즐기기도 하지만 모르비에 치즈는 냄새도 강하지 않아 한국 친구들에게 추천할 만하다.

주말마켓에서 정말 싫었던 것도 있었다. 고춧가루로 양념한 올리브다. 멕시코에 가면 생과일에 고춧가루를 뿌려 먹는 경우가 있는데 유럽 사람들도 올리브를 다양한 방법으로 맛을 내느라 이런 시도들을 하는 것 같다. 그래도 그렇지 왜 하필이면 고춧가루를 뿌리는지, 도무지 알 수 없는 최악의 맛이었다.

카페에서 옆사람의 담배연기 훔쳐 마시기

파리의 일상에서 내가 발견한 또 다른 재미는 주로 이런 것들이었다.

분주히 걸어가는 인파를 따라 물 흐르듯 함께 흘러가다가 순간적으로 멈춰서 정지된 세상을 바라볼 때, 살아 숨 쉬는 파리의 진짜 모습을 슬쩍 엿본 느낌이 들었다. 누군가는 핸드폰을 들고 화를 내고 누군가는 지도를 펴고 길을 찾아 헤매고 누군가는 멋진 옷을 입고 잔뜩 기대에 찬 얼굴로 어딘가를 바삐 찾아가고 있다. 또 어느새 단골이 된 마레지구의 단골 카페 주인과 파리가 전혀 생소하지 않다는 듯 오늘의 날씨에 대해 심드렁한 이야기를 나눌 때는 자못 편안하고 여유로운 파리지앤느가 된 것 같은 느낌이 들었다. 카페에서 무릎담요가 젖은 바닥에 떨어져도 그냥 툭툭 털고 다시 어깨까지 덮어버리는 또 다른 나를 발견하는 느낌까지 너무 좋았다. 공중화장실에서조차 가방을 아무 데나 바닥에 내려놓는 게 이미 습관이 된 지 오래다. 한국에서라면 온갖 깔끔을 다 떨었을 텐데 말이다.

특히 신기한 건 옆사람의 담배연기에 순간적으로 빠져드는 나를 발견할 때다. 나는 비흡연자인데 이럴 수도 있는 걸까. 파리의 야외카페에서 옆사람의 담배연기를 슬쩍 훔쳐 마시고는 '킁킁, 바닐라 향이군. 맛있네!' 할 때는 혼자서도 그 신기함에 웃음이 났다. 파리에서 지내던 한 달 동안 내가 발견한 새로운 재미 중 하나가 도둑 담배맛이 무척 좋다는 거다. 그것도 겨울 야외의 언 바람에 실려오는 바닐라 향!

나도 모르게 귀를 쫑긋 세우게 된 파리의 작은 아파트

파리지앤느가 되기 위한 과정에는 의외의 난코스도 많았다. 원하지 않아도 들어줘야만 하는 이웃집 생활소음 같은 것도 그 중 하나다. 그것도 야한 버전으로다가.

내가 빌린 파리 숙소는 낡고 오래된 작은 아파트라 특히 소리와 진동에 약했다. 그런데 어디선가 끽, 끽, 끽, 끽, 뭔가 반복적으로 삐그덕거리는 소리가 난다. 가끔은 빠르고 가끔은 느리다. 방이 고정적으로 흔들리는 작은 진동도 감지되고 텔레비전 소음 같은 소리도 들려온다. 배수관을 통해 묘하게 변형되어 울리기에 처음에는 이게 무슨 소리인가 하고 바보처럼 배수관에 귀를 대보기도 했다. 며칠 동안은 귀를 토끼처럼 쫑긋쫑긋거리다가 창문을 바라보며 '트럭이 지나가나?' 하고 커튼을 들춰 살피기도 했지만 매일 비슷한 시간에 똑같이 들려오는 걸 보고 삼 일 만에 수사 종료했다. 이웃집 커플들이 사랑을 나누는 소리였다. 잠시 파리에 틀어박혀 집중해서 책을 쓰려 했건만 고요한 아파트 책상에 앉아 매일 이런 심야방송 같은 소리를 들어야 하다니 참 심란했다. 파리 생활 3주째부터는 이웃집 커플들의 성생활 리듬까지 파악하게 되었다. 윗집 커플은 새벽 스타일이고 옆집 남자는 주말에만 여자친구를 데려와 꼭 욕실에서 난리를 친다.

'아니, 이 사람들이 진짜…… 아파트 좀 튼튼하게 짓지……!'

특히 윗집 커플은 경고다. 자기들이 내 알람시계야? 왜 매일 아침 같은 시간에 저러는 걸까. 윗집 커플은 매일 아침 6시 30분만 되면 알람시계가 요란하게 울어대듯 너무 심하게 끽끽거려서 잠을 잘 수가 없었다. 그 소리에 나는 어김없이 잠에서 깨어 천장을 향해 '어떻게 만날 저러나?'며 이불을 머리끝까지 뒤집어썼다. 그쯤 되면 윗집 커플은 슬슬 일어나 출근 준비를 하곤 했다. 부엌과 거실 쪽에서 부산하게 움직이다가 7시 30분쯤 현관문 쪽으로 바삐 뛰어가는 소리가 들려온다. 밤에라도 조용해서 다행이었다.

옆집 남자는 현관문 앞에서 몇 차례 인사를 나눈 적이 있는데

생긴 건 멀쩡해 보이지만 아무래도 변태임이 분명했다. 무슨 직업을 가졌는지 매일 새벽 4시 50분쯤에 샤워를 하고 오후에는 보통 사람들보다 일찍 퇴근해서 돌아왔다. 내 방과 옆집의 욕실이 붙은 구조였는데 매일 새벽 옆집 사람이 샤워하는 시간 이외에는 늘 조용했다. 혼자 사는 것이 틀림없는데 문제는 주말이다. 금요일만 되면 여자친구를 데려와 하필이면 내 방과 벽 하나 너머에 있는 욕실에서 한을 푸는 듯했다. 혹시 물장구를 치나?

파리에서의 좁은 아파트 생활은 아프리카 초원의 미어캣처럼 의외로 청각만 발달하게 되는 나날이 계속되었다. 정말이지 금슬 좋은 파리지앵과 파리지앤느들은 못 말린다니까. 근데 이상하게 자꾸만 상상이 되네.

프랑스 친구를 사귀는 요령?

하루는 퐁피두센터 도서관에 앉아 있다가 러시아에서 맹활약을 떨쳤던 핑크색 미키마우스 MP3 덕에 어느 프랑스 친구의 집중적인 관심 세례를 받았다. 프랑스어는 전혀 할 줄 모르는 나였지만, 단번에 코믹한 대화가 속전속결로 이루어졌다. 대학생처럼 보이는 프랑스 친구는 프랑스어와 친절한 손짓을 섞어 이렇게 말했다.

"*&#%*~~사~바~~~~#%&$*~ ~~~~엠피트와~~?"

'얘 뭐래는 거야?'

순식간에 공부해본 적도 없는 프랑스어 통역 시스템이 머릿속에서 얼렁뚱땅 돌아가기 시작했다. 엠피는 영어 MP일 것 같고, 트와는 프랑스어로 숫자 3. 사바는 good. 음…… 내 MP3가 좋다는 뜻이다. 나도 대답했다.

"엠피트와? 위, 위. 코레 엠피트와 세봉, 쎄~~~~봉!"(MP3? 응 그럼, 그럼. 한국 MP3 좋아, 엄~~청 좋아!)

억지스럽지만 신기하게 잘도 이어가는 대화에 웃음보가 터져 참을 수가 없었다. 옆자리에 앉아 못 들은 척하던 다른 프랑스 친구들도 웃음을 참지 못하는 건 마찬가지였다. 도서관이라는 공간적인 제약상 소리 내어 웃을 수 없는 옆친구들이 종이에다 'mdr'이라고 써줬다. 고개를 갸우뚱거리며 뜻을 물었더니 '웃겨 죽겠다'는 뜻의 프랑스식 인터넷 은어라고 했다. 우리의 '지못미'처럼 프랑스어로 'mort de rire'라는 웃겨 죽겠다는 말의 앞자만 따서 쓰는 젊은 이들의 채팅 용어라나.

상황이 너무 코믹했지만 대화하는 데 별 문제가 없는 게 더 신기했다. 인사치레도 필요 없이 우리는 금세 서로의 가방을 봐주는 친구 사이가 되었다. 덕분에 파리에서 지내는 한 달 동안의 시간이 순식간에 흘러갔다. 여행을 할 때처럼 파리에서 생활하는 동안에도 늘 사람들은 이렇게 쉽게 다가와 친구가 되어주었다.

외국인 친구를 사귀는 요령? 내가 보기엔 그저 열린 마음으로 평소대로 이야기를 나누기만 하면 될 것 같다. 특별히 더 잘 보이거나 예의를 갖출 필요도 없고 무언가를 숨길 필요도 없이 그저 편안

파리 시내의 식물로 가득한 레스토랑 모습. 너무 예뻐서 일단 사진을 찍고 들어가 볼
참이었는데 비 오는 일요일이라 그런지 문이 닫혀 있었다.

하게 마음을 열어 보이기만 하면 친구들은 물처럼 자연스럽게 흘러 들어오는 것 같다.

파리 지하철역에서 마음으로 듣는 소나타

어느새 한 해를 마무리하는 부산한 연말이 시작되었다. 9월부터 화려하게 시작되었던 파리 가을축제도 어느덧 막바지로 접어들고 떠들썩한 입소문까지는 아니었지만 뉴욕에서 활동하고 있는 한국인 연출가 이영진 씨의 작품이 파리 가을축제에 공식 초청되어 몇몇 현지 일간지의 문화면을 장식하며 선전하는 모습이었다. 또 한국에서도 몇 차례 소개되었던 남아프리카공화국의 〈우모자Umoja〉, 뮤지컬 〈로미오와 줄리엣〉, 피나 바우쉬Pina Bausch (현대 무용가)를 다시 만나기 위한 회고전, 한국에도 잘 알려진 프랑스 태양극단이 새로운 공연 개막을 앞두고 분주하게 움직인다. 당연히 파리 곳곳의 크고 작은 공연장들은 정통 오페라와 발레, 유럽 각지의 유명 필하모닉 오케스트라를 초청하여 연말연시 시즌 준비 마무리에 박차를 가하고 있었다. 올해도 어김없이 파리의 공연장들은 연말연시 동안 불이 꺼질 틈이 없을 듯하다.

파리 지하철에 거리의 악사들이 많다는 건 누구나 아는 사실이기에 솔직히 더 이상 신선할 것도 없다. 그러나 비좁고 시끄러우며 지린내까지 진동하는 파리의 지하철에 누구를 위함인지 열댓 명의 오케스트라 단원이 한꺼번에 나와 아름다운 클래식 곡을 연주할 때면 도저히 가던 길을 멈추지 않고서는 배겨낼 수가 없다. 내가 보기에 이들은 세상에서 가장 뜨거운 심장을 가진 날개 없는 천사들 같다. 자신이 좋아하는 음악을 연주하기 위해 아무 곳에나 자리를 잡고 기분 내키는 대로 연주하고 사라지는 솔로 악사들과는 정성과 감동이 달랐다. 작은 지하공간에 줄지어가는 쥐떼처럼 움직이는 인파와 지하철의 무거운 진동으로 파리의 지하도시는 시끄럽기 그지없었지만, 그 난잡함 속에서도 온전한 음악의 가치를 살려내는 이들의 연주 모습에 정신없이 흘러가던 사람들은 잠시나마 긴장을 풀고 지저분한 파리 지하철 벽에 기꺼이 몸을 기댔다. 환희에 찬 얼굴로 연주하는 악사들의 마법으로 파리의 지하도엔 어느새 음악에 취한 미소들이 지하철 구석구석까지 흘러 더럽고 냄새나는 후미진 곳에서조차 꽃이 필 듯했다.

　　20여 분쯤 연주단을 바라보고 있으니 재미있는 장면도 눈에 띈다. 오케스트라 연주단은 벤치조차 없는 지하철 한복판에서 입고 온 외투를 어찌할 줄 몰라 하다가 벽 한쪽에 뱀처럼 구불구불 지나가는 파이프에 아슬아슬하게 걸기도 하고 머리에 쓴 모자는 지나가는 행인들의 작은 성의를 담는 동전통으로 쓰기도 한다. 허름하지만 검은 트렌치코트에 빨간 목도리를 한 중년남자가 계속 주변을 맴돌고 있었는데, 알고 보니 이 무명의 오케스트라를 이끄는 지휘자였다. 방해가 될까봐 가까이 가서 말을 걸어볼 순 없었지만, 이런 환경에서 오케스트라를 이끄는 지휘자라면 연주자들에게 단순

히 아름다운 음악을 연주해내는 기술 이외에 어떤 부탁을 할지 궁금하기도 했다.

"시끄럽고 왁자지껄한 소음 투성이의 공간이니 평소보다 음 처리를 깨끗하게 하고 '강하게'와 '약하게'를 더욱 주의하며, 걷는 사람들이 분주하니 오히려 느리고 서정적인 부분에 포인트를 둬라."

이런 식의 남다른 과제를 주었을지도 모를 일이다.

좁은 지하철 벽에 지그재그로 서서 연주하던 오케스트라 단원들은 지하철 공연이 끝난 뒤 서로 얼싸안으며 격려를 아끼지 않았다. 어둡고 칙칙한 지하도를 순식간에 핑크빛 천국으로 만들어놓았으니 지나가던 행인들도 아낌없는 찬사를 보냈다. 참 특별한 능력을 가진 사람들이란 생각도 들었지만 무엇보다 행인들을 위해 비좁은 지하도까지 찾아와 음악을 선물하겠다는 그들의 마음이 너무나 값지고 귀하게 느껴졌다. 무료공연이라도 공기 좋고 소음도 없는 넓은 야외광장으로 나갈 수도 있었을 텐데 반원형 대열을 하기도 힘든 지하철 역사 안까지 굳이 찾아오다니 그 용기와 의지가 그저 감사하고 고마울 따름이다.

한국으로 돌아가도 지금과 같은 가슴 따뜻한 예술을 계속 느낄 수 있다면 참으로 행복할 것 같다. 정신없이 뛰기만 하는 서울 시민들의 발목을 안단테, 포르테, 때론 포르티시모를 섞어 잠시라도 묶어둘 수 있는 마술 같은 예술이 대한민국 전역에 울려퍼졌으면 좋겠다. 공연장 밖 세상까지 골고루 말이다.

참새와 나눠 먹은 사과파이의 향기

오랜만에 날씨가 풀려 적당히 서늘한 가을 날씨가 찾아왔다. 감기 기운이 있어 평소 보아둔 작은 카페로 들어가 사과파이와 카페 알롱제를 주문했다. 카페 알롱제는 우유가 들어가지 않은 블랙 커피의 프랑스식 표현이다. 이 작은 카페는 평소 유심히 보아둘 만큼 예뻤으며 나 같은 노트북족들이 수시로 찾아들어 글쓰기를 즐길 정도로 분위기도 아늑했다.

경험 있는 사람이라면 짐작하겠지만 카페를 찾아오는 노트북족 중 현지인과 외지인은 쉽게 구분이 가능하다. 구분 방법은 무지 간단하다. 이 카페에 자주 왔던 현지인 노트북족은 좋은 위치를 익히 알고 있어 카페에 들어오자마자 자리 확보를 하지만 뜨내기 노트북족들은 카페에 들어가면 분위기나 주인 얼굴을 볼 틈이 없다. 무조건 벽만 보고 다닌다. 먼저 전원을 꽂을 플러그를 찾아야 그 카페에 머물지 말지를 결정할 수 있으니까 말이다. 그래서 요령 피우기 좋아하는 나 같은 사람들은 아예 전선을 치렁치렁 손에 들고 들어간다. 그러면 문을 열자마자 카페 종업원들이 금세 눈치를 채고 노트북을 펴기 좋은 명당을 손가락으로 알려줄 때가 많다. 가끔은 '저 자리가 좋은데, 벌써 어떤 놈이 앉았네. 아쉽다, 얘!'라는 표정으로 웃으며 미안해하기도 한다.

유럽의 카페에서 노트북족을 위한 자리는 보통 아예 구석이거나 창문이 가까운 벽면일 가능성이 많다. 또 플러그 가까운 좋은 자리가 이미 찼다면 주변 말고 정반대의 자리를 찾는 것이 더 빠르다. 보통 전기플러그는 한 군데에 몰려 있지 않으니까 말이다. 인테리어용 가전제품들이 있는 쪽은 이미 플러그가 사용되고 있을 가능성이 많으니 이런 쪽도 피하는 것이 좋다. 꼭 경험 없는 친구들이 나서서 TV 모니터 밑으로 가는 바람에 명당을 놓친 적이 한두 번이 아니었다. 내가 보기엔 뭐니뭐니해도 전선을 손에 들고 눈빛으로 아첨하며 좋은 자리를 찾아달라고 사인을 보내는 게 최고인 것 같다. 거기다 높은 빌딩에 올라가려면 경비와 친해지는 게 우선이듯이 파리의 카페 무슈들과 얼굴을 익혀두는 건 기본 중의 기본이다. 카페 무슈는 카페 아저씨를 뜻하는 말인데 프랑스어를 못해도 표정과 몸짓으로 말하면 된다.

"카페 무슈~! 어디가 명당이셔?"

카페 천국 파리에서 치열한 자리 쟁탈전을 치르고 나니 주문했던 사과파이와 향기 좋은 카페 알롱제가 어김없이 테이블로 배달된다. 그때의 기분은 세상을 다 가진 사람처럼 풍요롭고 행복하기 그지없다. 세계의 노트북족들이 모두 아는 사실이겠지만 말이다. 당연히 이날도 나는 햇살 가득한 창가 자리에 앉을 수 있었다. 겨울 햇살을 담요 삼아 아늑한 곳에 자리를 잡고 신선한 사과파이를 입에 넣으니 천상의 맛이 따로 없었다. 일이고 뭐고 일단 사과파이를 한 조각 더 주문했다. 커다란 유리창 사이로 쏟아지는 햇살이 카페 바닥에 빨래처럼 널브러져 있었는데 그 한쪽 귀퉁이가 내가 먹던 사과파이 위에 걸렸다.

그 순간, 뜻하지 않은 손님이 날아들었다. 파리에서는 참새조차 파이를 좋아하는 걸까? 외로운 내게 말을 걸려고 날아왔나. 건너편 의자에 내려 앉았던 참새가 팔딱 날아 겁도 없이 내 파이접시 위로 올라앉았다. 나는 선물을 받아 든 아이처럼 너무 기뻐서 소리를 치고 싶었지만 참새가 놀라 달아

다시 떠날 때가 되었음을 알려주기 위해 카페 안까지 날아들었던 참새

날까봐 꾹 참아야 했다. 조용히 가방 속의 카메라를 꺼내들었다. 이미 주변의 손님들과 종업원들은 나와 참새 그리고 가운데 놓인 사과파이를 바라보느라 여념이 없었다.

'아, 이 얼마나 행복한 시간인가. 마치 동화 속에 빠져든 느낌이었다. 혼자 하는 여행이 외롭다구? 아니, 하나도 안 외롭다. 가는 곳마다 늘 천사들과 친구들 심지어 참새조차 다가와주니 이 얼마나 행복한 여행인가.' 참새 한 마리에 갑자기 인생 예찬론이 다시 시작되었다. 카페로 날아든 참새는 청명한 목소리로 짹짹거리며 나와 이야기를 주고받았다. 장난기가 발동한 나는 참새가 놀라지 않을 정도의 차분한 목소리로 재미있는 이야기를 계속 들려주었다.

"옛날에 어떤 농부가 부러진 제비 다리를 고쳐주었더니 박씨를 물고 왔다지 뭐야. 근데 생긴 게 너랑 비슷해."

"파리에 사는 참새라 그런가? 한국 참새보다 다리가 좀 기네. 어느 파리 여행책에 참새 얘기가 나오던데 너 혹시 그 참새니?"

조용히 날아와 친구가 되어준 참새 덕분일까. 이날은 글도 다른 날보다 더 잘 써졌다. 지나간 추억들이 참새가 가져다준 영감 덕분에 더욱 생생하게 떠올랐다. 지난 여행 중 있었던 재미나는 이야기들을 끄집어내 파이 먹는 참새와 도란도란 나눠가며 즐거운 시간을 보냈다. 오랫동안 혼자 여행하다보니 동물들과도 주거니 받거니 얘기하는 버릇이 생겼는데 의외로 요긴했다.

그리고 신기하게도 참새와 이야기를 나누다보니 슬슬 다시 떠날 때가 되었다는 생각이 문득 들었다. 여행은 떠남의 연속이니까. 그 말을 해주려 쌀쌀한 초겨울, 카페 안까지 참새가 날아든 모양이었다.

"고마워, 참새야. 그 얘기 해주러 온 거구나? 내일은 다시 가던 길을 가야겠지?"

모를레에서 전용 기사가 되어준 경찰관

　정신없이 여행하다보면 미처 숙박 예약을 하지 못하고 무작정 가보는 경우도 생긴다. '혼자니까 어찌되겠지' 하며 무작정 찾아가는 건데 보통은 이 방법이 통했다. 그러나 프랑스 모를레에서는 정말 숙소 문제가 어렵게 되었다. 이날따라 하루 종일 비까지 주룩주룩 내려 난감해하고 있는데, 어려운 사람을 도와주는 것이 자신들의 일이라며 내게 다가온 두 경찰관이 있었다. 프랑크와 얀이었다.

　이날 프랑크와 얀은 나를 경찰차에 태워 시내의 모든 호텔과 호스텔을 뒤져 빈방을 수소문했지만 찾을 수 없었다. 그것만으로도 충분히 고마운 일이었는데, 프랑크와 얀은 쉽게 포기하지 않았다. 내가 프랑스어를 못한다는 것이 특히 마음에 걸렸던 모양이다. 결국 어찌되었을까? 친절한 얼굴에 신용 넘치는 경찰복의 두 남자가 시내에 하나뿐인 호스텔 주인과 담판을 지어, 내가 호스텔 주인의 방을 쓸 수 있게 만들었다. 10여 분간의 담판 과정은 물론 프랑스어라서 알아들을 수 없었지만 옆에서 지켜보니 대략 이랬다.

　"밖에 비도 오는데 저런 애를 어떻게 밖에서 재워? 인간적으로다가, 엉? 다 찾아봤는데 정말 없더라구. 우리가 보증할 테니까 좀 도와주지? 쟤 봐, 얼마나 배고프겠어. ……어쩌고 저쩌고……."

　얀, 프랑크, 잘 지내시죠? 두 분 덕에 지금도 모를레는 사랑으로 넘치겠네요. 혹시 아시나요? 제게는 당신들이 프랑스입니다, 잊을 수 없는 아름다운 나라요.

'음악은 감정이지 소리가 아니다'라는 말이 있다. 말 없이 연주하는 이 예술가의 이야기가 들리나요?
(매년 8월 셋째 주에 열리는 프랑스 오리악 거리극축제의 한 장면)

이베리아의 보석,
포르투갈에 빠지다

검붉은 대지에서 뿜어나오는 열정과 수더분한 이미지로 더욱 가깝게 느껴지는 사람들.
돌담을 대신하는 마법의 올리브나무, 먼 대서양에서 불어오는 기분 좋은 바람. 소박하게
주름진 웃음. 포르투갈은 유럽 왼쪽 한켠에 자리한 이베리아의 보석이다.

프랑스 이야기로 끝을 내려 했으나 도저히 빼먹을 수 없는 소
중한 추억이 있어 다시 펜을 들었다. 바로 포르투갈에서 다양한 현
지인들과 함께한 경험이다.

예술축제를 찾아 숨 가쁘게 유럽을 달리던 여름이 가고 이제
야 겨우 여유가 찾아왔다. 바쁜 일정을 마쳤으니 잠시나마 산책하
듯 조용히 쉬고 싶다는 생각이 들었다. 일 년 내내 여행만 하는 사
람에게 뭣 때문에 휴가 여행이 필요하냐고 물을 사람도 있겠지만
일로 하는 여행은 생각보다 그리 여유롭지가 않았다. 설사 그렇다
할지라도 할 수 있고 원하는 것이라면 일단 해보는 것이 내 인생

철학이다. 그래서 '여행 속의 여행' 같은 또 다른 여행 계획을 세우기 시작했다.

어디로 갈까? 궁리 끝에 그동안 벼르고 벼르던 포르투갈 종단 여행을 3주간 감행하기로 했다. 포르투갈은 지난 세계일주 때도 업무상의 비중이 낮아 수도 리스본만 일주일 머문 것이 전부였기 때문에 늘 아쉬움으로 남던 나라였다. 이번만큼은 절대로 일하지 않고 온전히 나 자신만을 위해 천천히 움직일 계획이었다. 1년 동안 유럽일주를 하느라 등에 멘 노트북 가방과 14킬로그램의 작은 슈트케이스가 몸의 일부마냥 나와 딱 붙어 있었는데 이번에는 슈트케이스와 노트북마저 파리의 지인집에 맡겨놓고 학교 가듯 가볍게 배낭만 메고 포르투갈로 향했다. 저가항공의 짐값 10유로를 내지 않아도 되고 1년 내내 노트북과 카메라 장비를 지고 다니느라 늘 실핏줄이 터지던 내 어깨에도 모처럼 가벼운 휴식이 찾아왔다. 옷이야 밤에 빨아 아침에 또 입으면 되니까 한두 벌이면 충분하고.

대서양과 맞닿아 있는 항구도시, 포르토

포르투갈에서 두 번째로 큰 도시이자 포트와인으로 잘 알려진 포르토. 지금까지 70여 개국을 여행하면서 몇몇 기억에 남는 아름다운 도시들이 있었는데 볼리비아의 라파스, 노르웨이의 나르빅, 쿠바의 마탄사스, 그리고 포르투갈의 포르트다. 너무 크지도 작지도 않은 적당한 규모에 바다와 강이 만나는 접점의 매력, 포트와인

바다와 강이 만나는 포르토의 시내 강변에서 나른한 단잠을 청하는 커플이 있다.
한국이라면 일로 빠듯할 대낮에 꿈마저 함께 나누는 그들이 꼭 영화 속 주인공 같다.

을 싣고 끊임없이 오고가는 작은 돛단배, 강을 따라 형성된 완만한 경사에 오목조목 사이좋게 어우러진 낡은 건물들, 집집마다 창틀 밖으로 만국기처럼 내걸린 오색찬란한 빨래들, 좁은 베란다에 앉아 하루 종일 행인들을 바라보는 노인들, 보는 것만으로도 너무나 정겹고 소박하여 그야말로 쌩얼의 포르토가 마음에 쏙 들었다.

포르토에서 처음으로 만난 친구는 나와 나이가 같은 유치원 교사 마리자였다. 마리자는 포르토 인근의 작은 타운에 혼자 사는데 서울로 치면 경기도 시흥에 사는 유치원 교사인 셈이다. 마리자는 아이들을 사랑하지만, 본인 말에 따르면 단점이 더 많은 결혼제도와 시끄러운 육아생활을 거부하느라 독신이고, 화장을 하지 않아도 스모키 화장을 한 것처럼 눈 주위가 검어서 인상이 강해 보이는, 그러나 성격은 몹시도 쿨하고 시원시원한, 정 많은 포르투갈 여자였다. 나처럼 영어가 서툴러 표현이 좀 엉성하지만 그녀의 넘치는 재치와 장난기를 늘어놓기에는 전혀 부족함이 없었다.

언제 어디서나 행운이 껌처럼 붙어 다니던 나는 마리자의 어머니 아멜리아의 집에서 3박 4일간 편하게 무위도식하며 지낼 수 있게 되었다. 마리자는 매일 출근을 해야 해서 나와 보낼 시간이 없었고, 여행자인 내게는 너무 외딴 지역이라 거기서 함께 지내기는 무리였다. 아멜리아는 포르토 인근의 카르발루 시라는 작은 마을에서 혼자 살며 그곳의 유일한 고등학교에서 경제를 가르치는 선생님이었다. 직업 때문인지 워낙 아는 게 많아 예의 없는 나의 귀는 관심 없는 얘기가 시작될 때면 자동적으로 열렸다 닫혔다를 반복했다. 아멜리아는 단 한 번도 거르지 않고 하루 세 끼를 성찬으로 차려주셨는데 양이 많아 먹을 때마다 진땀을 빼곤 했다. 그래도 정성이 담뿍 담긴 아멜리아의 식탁은 최고의 만찬이었다. 음식에 대한 열정도 뜨거워 오전 9시부터 11시까지 배가 터지도록 아침을 먹고 난 뒤 설거지를 끝내고 바로 점심 준비를 하는 스타일이었다. 말 그대로 못 말리는 아멜리아였다. 며칠 만에 찾아온 마리자도 이에 적응이 된 때문인지 11시쯤 늦은 아침을 먹으면서 허겁지겁 말했다.

"Yoo! 빨리 산책 갔다오자. 점심 먹어야 해!"

포르투갈 사람들이 우난히 많이 먹고, 자주 먹는 데는 다 이유가 있었다. 포르투갈 사람들의 유별난 가족애가 그 근원이다. 내가 보기에도 포르투갈 사람들은 온 가족이 테이블에 모여 함께 보내는 시간이 가장 많은 민족인 것 같다. 수시로 거실에 둘러앉아 먹고 마시고 이야기하고 텔레비전 보고 또 먹고 이야기하고 또 먹고……. 이러다 보니 농담 삼아 하는 이야기도 있단다.

'포르투갈 사람들은 매 시간마다 먹어야 사는 특이한 민족이다. 아빠들은 전장에 나가고 엄마들은 자나 깨나 자식을 먹여 나라를 구해야 한다.'

내가 머무는 동안 포르투갈의 국회의원을 뽑는 중요한 선거가 있었다. 그네들의 정치와 선거 분위기는 우리와 어떻게 다를까 싶어 뉴스를 보자고 했더니, 아델리아는 선거 때라서 정치인들이 심하게 싸우니 좀 안 좋은 모습이 나와도 놀라지 말라며 조심스럽

● 포르토 시내를 거닐다 만나는 허름한 아파트의 정겨운 모습. 테라스마다 알록달록 널린 빨래들이 그네들의 삶 그대로를 보여주는 듯하다.

●● 세계적으로 잘 알려져 있는 포트와인의 원산지답게 시내 곳곳에는 포르투갈 내륙에서 만든 와인을 배로 실어 나르는 모습이 곧잘 눈에 띄었다.

게 당부했다. 아무래도 아멜리아는 국제뉴스는 잘 안 보시는 모양이다. 대한민국 국회를 무시하는 발언을 하시다니. 어쨌든 선거는 동네 사람들을 한자리에서 볼 수 있는, 또 이들의 진짜 모습을 볼 기회였다. 당연히 카메라를 들고 동네 투표소를 찾아가 봤다. 깨끗한 선거를 위해 노력하고 있다는 듯이 임시로 고용된 동네 주민과 담당 공무원이 번갈아 사람들의 신분증과 이름을 비교해 투표실로 보냈다. 사람들은 진중한 표정으로 투표를 하고, 나와서는 이내 아이들을 위한 과자와 빵 같은 군것질거리를 사곤 했다. 또 투표소 앞에서 이날 선거에 대한 이야기로 꽃을 피우는 모습이 한국과 너무 비슷하여 친근하기까지 했다. 역시 사람 사는 곳은 어디나 마찬가지인 모양이다.

저녁 무렵 마리자도 투표를 하러 엄마인 아멜리아의 집을 다시 방문했다. 도착하자마자 이웃인 카탈리나와 그 동생 아나 그리고 나, 아멜리아는 마리자의 이야기에 동네가 떠나가도록 웃었다. 마리자가 사는 동네의 투표소가 하필이면 마리자의 집 바로 앞 건물인데, 야당에서 선거 이벤트로 돼지 여섯 마리를 구워 나눠주며 홍보를 하느라 새벽부터 마리자의 창문 밑에서 온종일 돼지고기를 굽고 있다는 거였다. 푸념하듯 떠들던 마리자의 말을 우리 식으로 바꾸면 딱 이런 멘트였다.

"아우~ 미치겠어, 돼지 냄새 때메~~! 아니, 왜 하필이면 내 방 창문 앞에서 고기를 굽느냐고? 돼지도 얼마나 큰지 아직도 한 마리 더 남았다니까! 어우~."

마리자의 가족들과 함께한 며칠간의 동거는 하루하루가 웃음과 애정, 이야기로 넘쳤다. 나도 정겨운 그녀들을 한국으로 초대했지만 너무나 융숭한 대접을 받은 탓에 사실 걱정이 앞선다. 뭔가 맛있는 음식을 직접 만들어주고 편안한 잠자리를 제공해줘야 할 텐데 집은 좁고 요리는 안 되니 큰일이다.

길 잃은 새끼고양이를 거두어준 마리아 할머니

포르투갈 종단여행 두 번째 도시인 아베이로는 포르투갈 중부의 유명한 해양 관광도시다. 우리로 치면 2012년 여수 엑스포가 열리는 전남 여수 같은 느낌이다. 인근에 포르투갈 최대의 교육 도시인 쿠임브라가 있고, 서핑하기에 최적의 파도가 일기로 유명해 유럽에서도 젊은 서퍼들이 자주 찾는 곳이다. 나는 아는 이도 없는 이곳 아베이로에서 땅거미가 지는 저녁 무렵부터 늦은 밤까지 대서양에 해가 떨어지는 장관을 보며 오랜만에 깊은 사색에 잠겼다. 외롭고 차가운 느낌보다는 따뜻한 솜이불을 덮고 있는 것 같아 푸근하고 좋았다. 그곳에서 나처럼 해변에 혼자 앉아 석양을 바라보던 마리아 할머니를 만났다. 그녀는 길 잃은 새끼 고양이를 거두듯 해변에 앉아 있던 나를 집으로 데려갔다. 이날은 한국의 추석날이었다.

마리아는 대학에서 수학을 가르치던 교수였다고 한다. 몇 해 전 남편을 잃고 자식들은 독립하여 따로 살기 때문에, 혼자서 숙연

한국의 추석날 저녁, 나는 포르투갈의 아베이로 해변에서 대서양을 바라보며 홀로 앉아 있었다.
한국의 가족들과 친구들과 일, 사랑, 모든 것을 그리워하며 지나온 나를 돌아보았다.
그리고 미래의 내 모습일지 모를 마리아를 만났다.

아베이로 시내에서 곧잘 사먹던 포르투갈 전통 생선구이. 정확히 무슨 생선인지 알 수는 없었지만 짭짤한 것이 맛이 참 좋았다.

히 고향을 지키는 차분한 느낌의 교양 있는 할머니였다. 과거 어려웠던 포르투갈의 경제 상황이나 나이를 감안하면 마리아 할머니는 상당한 고등교육을 받은 듯 보였고 실제로도 세계 여러 나라와 사회현상에 대한 상식이 풍부하셨다. 포르투갈어 이외에도 프랑스어와 영어를 능숙하게 구사하며 무엇보다 일흔이 다 된 나이에도 젊은 시절의 미모를 짐작할 수 있는 기품을 갖추었다.

마리아 할머니는 나를 기꺼이 며칠씩이나 묵게 해주고 포르투갈에 대한 재미난 이야기도 이것저것 들려주었다. 또 아침저녁으로 맛있는 요리도 직접 해주셨는데 신기하게도 한국 요리와 비슷한 음식이 의외로 많았다. 특히 마리아 할머니가 만들어준 바칼라오 수프는 척 봐도 한국의 북엇국처럼 생긴 것이 그동안 꾹 눌러왔던 향수를 자극했다. 그것도 하필이면 한국의 추석날에라니, 느낌이 묘했다. 바칼라오는 포르투갈어로 대구라는 뜻인데, 포르투갈에서는 말린 대구를 다양한 방법으로 요리했다. 마리아가 해준 바칼라오 수프는 말린 대구를 기름, 마늘 등과 함께 볶다가 물을 부어 끓이면 되는데 한국의 북엇국과 흡사해 냄새를 맡는 순간 울컥하고 향수병이 밀려왔다. 생일날 먹는 감격스런 미역국도 아니고 포르투갈에서 추석날 북엇국 같은 대구국을 보고 울컥하다니 약간 우습다는 생각도 들었다. 잠시 후 마리아 할머니는 촉촉해져오는 내 눈시울을 보더니 따뜻하게 등을 토닥거려주었다. 결국 눈물을 보이고 말았지만 평생 잊을 수 없는 추석상을 받은 날이었다.

그뿐만이 아니었다. 삶은 밤을 먹는 것도 우리와 비슷했다. 유럽에서는 한국처럼 거리에서 군밤을 팔기는 하지만 삶은 밤을 먹는 곳은 많지 않은데, 마치 한국 사람처럼 '심심한데 밤이나 먹을까?' 하시더니 순식간에 밤을 삶아 내어 오셨다. 삶은 밤을 보자마자 나는 부엌으로 달려가 연장을 가져왔고, 마리아는 밤을 칼로 찍어 먹을 거냐는 듯이 신기하게 바라보셨다. 나는 보통 한국 사람들이 하듯이 부드러워진 밤을 칼로 반 가르고 작은 티스푼으로 쏙쏙 긁어 먹으며 시범을 보였다. 마리아 할머니는 크게 놀라 마치 멋진 발명이라도 되는 양 즐겁게 따라하셨다. 칭찬도 이어졌다.

"도대체 어찌 그렇게 머리가 좋아? 니가 똑똑한 거니, 한국애들이 다 그렇게 머리가 좋니?"

한국의 추석 즈음하여 마리아 할머니와 지낸 며칠 동안 우리는 매일 저녁 붉게 물드는 대서양 바닷가를 함께 걷곤 했다. 할머니는 오랜만에 좋은 친구가 생겨 심심하지 않은 듯했고, 나는 오랜 세월 같은 자리에 서 있는 나무 같아서 무작정 마리아가 좋았다. 지나온 시간을 천천히 되돌아보는 마리아와 있으니 그녀의 인생을 조금이나마 느낄 수 있었다. 우리는 각자 다른 곳에서 태어났지만 '인생'이라는 비슷한 과제를 선물 받았고 할머니보다 조금 늦게 선물 받은 나는 선경험자인 그녀에게 듣고 싶은 것이 많았다. 그러나 실제로 해변을 걸을 때는 많은 이야기를 하지 않았다. 그냥 함께 있으면 표정으로 충분히 서로의 진심을 알 수 있었다.

그러던 어느 날 저녁, 아베이로의 대학 인근에 있는 문화센터 앞을 지나던 중 마리아가 구경을 하라는 듯 멈춰 섰다. 나는 관광객이 드문 곳 또는 현지인의 생활 공간을 보길 좋아했지만 이미 며칠 동안 마을 구석구석을 돌아본 터라 동네 청년들이 드나드는 체육관을 또다시 보고 싶은 생각은 없었다. 그러나 솔직하게 말하긴 미안해서 순전히 마리아를 위해 잠시 지나가는 사람들을 보며 서 있었다. 헌데 한참을 보니 체육관 이름이 마리아의 성과 좀 비슷했다. 놀란 눈으로 재빨리 마리아를 쳐다보자 그제야 마리아는 때가 왔다는 듯이 그녀의 사랑에 대해 이야기하기 시작했다.

그녀의 남편은 아베이로의 대학에서 문학을 가르치던 석좌교수로, 학교와 지역 발전에 큰 업적을 남기신 분이셨단다. 돌아가시기 전까지도 활발한 연구 활동을 펼쳐 아베이로에서는 적잖이 알려진 인물이셨던 모양이다. 그러다 뜻하지 않은 암 선고를 받고 투병하다 결국 몇 해 전 마리아만 남겨둔 채 돌아가시고 말았다. 만인에게 존경받는 삶을 사셨던 그분이 세상을 뜨자 대학과 학생들이 뜻을 모아 새로 건축하는 체육관에 그분의 이름을 붙였다는 것이다.

마리아는 일평생을 함께했던 소중한 동반자인 남편을 그리며

포르투갈은 나라의 절반이 대서양과 맞닿아 있다. 바다가 있는 어느 항구에서라도 우리의 어촌처럼 새카맣게 그을린 시골 어르신들이 뙤약볕에 생선을 말리는 모습을 볼 수 있었다.

매일 이곳에 온다고 했다. 새로 만난 한국인 친구에게도 남편을 소개시켜주고 싶었던 모양이었다. 그녀는 내 앞에서는 결코 울지 않았다. 단지 가늘고 야윈 손을 가슴에 대고 고개를 가로저으며 "…… 얼마나 아름다운 사람이었는지 몰라……! 정말로 아름다운 사람이었어……" 하며 촉촉이 젖은 눈망울로 오히려 기쁜 미소를 지었다. 그녀가 사랑한 사람이 얼마나 훌륭한 생을 살다 갔는지, 아직 남아 있는 그녀가 지금도 얼마나 그를 사랑하고 있는지…… 마리아는 여전히 뜨거운 마음으로 남편을 그리워했다.

백발인 그녀의 사랑은 아베이로를 떠난 이후로도 오랫동안 내 심금을 울렸다. 지금도 그녀의 깊은 사랑이 느껴지는 듯해 마음까지 아파온다. 내가 겪고 보아왔던 그 어떤 사랑 이야기보다 아름답고 숭고하여 내 삶에 적지 않은 영향을 주게 되리란 확신이 든다. 마리아는 얼마나 행복한 사람인가. 님은 떠나보냈지만 사무치는 그리움과 사랑으로 그의 이름이 새겨진 건물 앞에 서서 미소 지을 수 있는 사람. 나는 그녀의 사랑이 부럽고 또 두려웠다. 마리아를 통해 좋은 반려자를 만난다는 것이 얼마나 어려운 일인가도 조금은 느낄 수 있었고 그런 삶을 함께 일궈가기 위한 노력도 인생에 있어서 얼마나 중요한지 조금은 알 것 같았다. 부부간에 혹은 연인 사이에 서로 존경하고 존경받는 삶을 살기가 얼마나 어려운가. 과연 나는 죽어서도 사랑받는 삶을 살 수 있을까. 님을 먼저 떠나보내고도 사랑의 기억만으로 충만해 웃음 지을 수 있을까. 나는 마리아가 될 수 있을까.

　포르투갈 종단여행 중에 우연히 만난 마리아 할머니는 마치 성경 구절처럼 내 삶에 쉼표를 남겼다. 조금 두렵지만, 마리아의 사랑이 그녀의 인생을 얼마나 아름답게 완성시켰는지 알게 되었으니, 적어도 내 인생을 일과 성공으로만 채워진 미완성으로 끝내지는 말아야겠다. 일흔을 넘긴 마리아가 유럽일주 중에 우연히 내 앞에 나타난 건 천운이란 생각이 든다. 어떻게 세상은 내게 이런 행운을 가져다주는지 고마울 따름이다. 내게 주어진 인생이란 시간을 그녀 덕분에 좀 더 의미 있게 살아갈 수 있게 되었으니 이보다 더 큰 선물이 어디 있을까. 그녀가 가르쳐준 대로 앞으로 내게 찾아올 인생, 사랑, 고통을 기꺼이 만나볼 참이다. 그녀처럼 신성한 마음으로 모든 것을 사랑할 준비를 해야 할 것 같다.

대서양이 내려다보이는 포르투갈 최남단, 파로

　포르투갈의 최남단 파로에서 멀지 않은 곳에 헬레나라는 친구가 살고 있다. 헬레나는 일종의 영혼(심리) 치료사 일을 했는데 의외로 치료를 받는 이들이 많았다. 메마른 정서를 가꾸고 스트레스를 편안히 다스리는 방법을 가르쳤는데 그 치료법 중 일부는 동양의 '뜸'과 '수지침'을 활용하고 있어 놀랍기도 했다. 웃긴 이야기는 뜸과 수지침 연수를 받기 위해 지난해 중국 내륙 지방을 방문했던 그녀의 친구 파티마에 대한 것이었다.

포르투갈의 가장 남쪽에 있는 도시이자 유럽의 갑부들이 남몰래 별장을 사들이고 있다는 휴양도시 파로.
파로 인근의 작은 기차역에 들어서니 일몰이 찾아오고 있었다. 붉은 노을빛과 적당히 어두워진 하늘,
60촉도 채 되지 않는 가로등 불빛이 묘하게 어우러져 블랙홀에 빠진 듯한 착각이 들었다.

파티마는 쉰 살쯤 된 중년 부인으로 특히 수지침에 일가견이 있다. 그녀는 수지침 연수를 받기 위해 한 달간 중국 내륙의 어느 작은 도시에 머물렀는데, 비교적 기간이 길어 현지인 집을 구해 하숙을 하게 되었다. 우리도 알다시피 중국 사람들은 원래부터 정이 많고 따뜻한지라 파티마는 매일 밤 맛있는 중국 음식을 즐길 수 있었는데 의외로 내륙지역 음식이 입에 잘 맞고 사람들도 좋았다고 했다.

그러던 어느 날 파티마는 유난히 맛있고 좀 매운 수프를 저녁으로 먹게 되었다. 원래 중국 음식을 좋아하기도 했지만 깊은 맛도 있어 한 그릇을 뚝딱 비웠다는데 설명을 들어보니 우리의 육개장 같은 음식이었던 것 같다. 배부르게 맛난 저녁을 먹은 그녀는 고맙다는 인사를 나눴고, 다음날 아침식사를 하기 위해 중국인 가족들과 다시 한자리에 모였다. 주인집 아주머니는 반갑게 웃으며 아침인사를 했다.

"어제 개고기 괜~차나써?"

이런 우스갯소리를 한국인이 아닌 외국인에게 들으니 희한했다. 이 이야기는 파로에 사는 그녀의 많은 친구들에게 중국여행 후 일담으로 이미 소문이 자자하게 나 있었다. 나도 한참을 웃었지만 사실은 한국 사례가 아니어서 좀 다행이란 생각도 들었다.

나에게 주는 선물이라 생각하며 다소 무리하게 진행했던 3주간의 포르투갈 여행은 이렇게 하루하루가 흘러갔다. 새로운 길을 걸어가 보는 것 이외에 다양한 현지인들을 만나 함께 생활하고 그네들의 웃고 우는 삶을 잠시나마 함께 해보는 것이 훨씬 더 깊은 감동을 남기는 것 같아 파로를 떠나던 날도 아쉬움에 발이 떨어지지 않았다.

현지인과 어우러진 오랜 유목민 생활로 이젠 슈퍼에서 사는 버터보다 시골 농장에서 직접 만든 하우스버터를 훨씬 더 좋아하게 됐고 이들이 주로 먹는 빵에 필수인 잼은 홈메이드가 아니면 입에서 거부감이 일 정도가 되었다. 치즈는 이름 없이 조각만 내주어도 어느 동물의 젖으로 만들었는지 구분할 수 있을 정도다. 나도 모르는 사이 그네들과 닮아가는 모양이다. 어떤 친구들은 한 번도 만난 적 없는 사람에게 어색한 전화통화까지 하며 작은 외국인 여행자가 좋은 추억을 갖고 떠날 수 있도록 도와주십사 부탁을 하기도 했다. 외국인이라고는 찾아볼 수도 없고 당연히 영어를 구사하는 사람조차 보기 힘든 이름 없는 시골 버스터미널에서는 플랫폼 번호까지 무시하고 아무 데나 서버리는 개념 없는 버스를 잡아 내가 목적지까지 무사히 갈 수 있도록 도와주는 이도 있었다.

그런 때문일까? 지금도 마음이 심란할 때면 포르투갈에서 만났던 그 소박한 웃음들이 생각나곤 한다. 아마도 내 마음속에 편안한 안식처로 새겨진 모양이다. 대서양 맨 끝에서부터 세상을 아우르듯 불어오는 포르투갈의 바람이 지금도 사무치게 그립다. 이민을 간다면 어디로 가겠냐고 묻는 사람이 많다. 이런 답은 어떨까?

대서양이 내려다보이는 포르투갈 북서쪽 해안가에 마당이 있는 작은 집. 대서양의 바닷바람이 잘 가꾸어놓은 마당에는 폭신한 초록빛 잔디가 자라고 매일 내가 일어나기 전에 햇살이 찾아와 온 집 안을 데워놓는 곳. 오전에는 느긋하게 아침식사를 하고 오후에는 마당 나무 그늘 아래 넓은 담요를 깔고 책도 보고 편지도 쓰며 음악도 듣는다. 예전부터 꿈꾸었던 것인데 마당 양쪽 가장자리에 큰 스피커를 바다를 향해 달아놓고 매일 아침 내가 가장 좋아하는 베토벤의 '월광소나타'를 이 작은 집이 버티고 있을 넓은 언덕에서 먼 바다까지 울려퍼지도록 틀어놓을 작정이다. 주변에 사는 동물들과 작은 풀잎들, 출렁이는 파도까지 함께 들었으면 좋겠다. 핸드폰은 되도록 집 안에 두고 나와 굳이 족쇄가 되지 않도록 하고 오로지 세상과 나를 연결해주는 인터넷만 허공에 뿌릴 참이다. 아! 마당에 하얀 토끼 몇 마리는 뛰어놀게 해야겠지.

이제야 그 답을 찾았다. 만약 언젠가 이민을 가게 된다면 나는 포르투갈을 선택하겠다.

포르투갈의 한恨, 파두

한국인 특유의 그 무엇, '한恨'이라고 했던가. 포르투갈 북부에 있는 소도시 기마랑스의 작고 볼품없는 공연장 객석에 앉아 이베리아의 또 다른 '한'을 온몸으로 느끼고 있다. 포르투갈의 전통민요 '파두fado'를 가장 잘 부른다는 젊은 여가수의 콘서트장이다.

파두는 포르투갈어로 운명, 숙명이라는 뜻으로 전통민요를 일컫는다. 한국에도 몇 해 전 한두 차례 소개된 적이 있지만 그리 많은 이들의 공감을 얻지는 못한 채 잊혀진 장르다. 아마도 처음부터 끝까지 구슬프게 울부짖는 슬픔, 고통, 우울함 같은 부정적 코드 때문이지 않을까. 실제 포르투갈에서도 지나치게 슬픔만 노래하니 어둡고

포르투갈에서 촉망받는 파두 가수 카미뇨

우울하다고 거부감을 느끼는 사람들이 많다고 한다.

그만큼 포르투갈 사람들에게 있어 '파두'는 그들이 겪어온 역사의 한을 담은 '슬픈 노래'다. 박자도 보통 2박자, 4박자로 쉽고 단순하며 언뜻 보면 트로트처럼 들리기도 할 정도로 독특한 목 떨림이 매력이다. 최근 들어 소중한 전통민요인 파두가 잊혀지는 것을 막기 위해 젊은 세대들을 중심으로 좀 더 가볍고 경쾌한 파두, 사랑을 노래한 파두 등 다양하게 변화된 퓨전 파두가 등장하고 있지만 기본적으로 포르투갈 전역에서 사랑받는 '파두'는 구슬프고 애절하다.

내가 본 파두 공연은 현재 포르투갈에서 활동하고 있는 파두 가수 중 가장 촉망받는 젊은 여가수 카미뇨의 공연이었다. 포트와

인으로 잘 알려진 포르토의 현지인들에게 강력 추천을 받아 함께 표를 예약하고 포르토에서 차로 한 시간가량 북부로 올라와 보고 있다. 현지인들이 자신들의 민요를 듣겠다고 차를 끌고 원정까지 갈 정도라니 공연 헌터인 나로서는 놓칠 수 없었다. 현지인들을 만나지 않았다면 이런 정보를 얻기도, 지방으로 가는 이동도 쉽지 않았을 것이다.

'파두'는 누구나 어디선가 한 번쯤 들어본 것 같은 착각이 들 정도로 편안하고 슬픈 곡조였다. 특히 한국의 정서와 너무나 잘 어우러져, 쉽게 빠져드는 묘한 매력이 있었다. 이베리아 특유의 목 떨림과 독특한 창법이 어우러져 들으면 들을수록 멋이 느껴지는 중독성까지 갖췄다. 가장 높은 음을 열창할 때조차 가수는 목소리를 가다듬고 절제하느라 손가락에 힘을 잔뜩 준 모습이 인상적이었는데 객석의 나는 꿈쩍도 못하고 마치 의자 속으로 빠져 들어가는 느낌이 들었다. 재미있는 건 우리의 민요에서 '얼~쑤, 조~오타!' 하며 중간중간 추임새를 넣는 것처럼, 포르투갈 관객들도 카미뇨가 치마를 쥐어짜가며 어려운 하이라이트 구절을 선사할 때마다 못 알아들을 추임새를 던지곤 했다.

공연이 끝난 뒤 예상처럼 기립박수가 터져나왔으나, 전반적으로 애절하고 슬픈 곡조 덕분에 공연 중의 분위기는 무겁고 침체되어 있는 것이 우리와는 조금 다른 점이었다. 바로 옆자리에 정장을 빼입고 홀로 온 노신사가 있어 슬쩍 질문을 던져봤는데 의외로 포르투갈 이해에 많은 도움이 된 기회였다. 파두가 상징하는 그 슬픔이란 것이 무언지, 이토록 절절하게 노래하고 싶은 포르투갈인들의 슬픔이 무엇인지 궁금하다고 했더니, 노신사의 대답은 그칠 줄을 몰랐다. 백발의 신사는 긴 역사처럼 오랜 시간 동안 시름과 싸워온 포르투갈 국민의 모든 슬픔이 곧 '파두'라고 했다.

간단히 말하자면 오늘날의 포르투갈은 영광스런 역사를 뒤로하고 서유럽에서 유일하게 빈국으로 꼽히는 나라다. 그러나 과거 대동방 교역의 선두주자였고, 브라질 발견 등 신대륙 개척의 선봉장이었을 만큼 강력한 위력을 떨쳤던 화려한 역사를 가졌다(실제로 남미의 브라질, 아프리카의 앙골라, 아시아의 마카오 등이 포르투갈의 식민지였던 때가 있었고, 지금도 포르투갈어가 세계 6대 언어로 꼽힐 만큼 포르투갈의 문화가 널리 전파되었다). 이런 찬란한 역사가 이어져오는 동안 포르투갈의 부녀자들은 늘 전쟁에 나간 남편과 자식을 힘겹게 기다리며 가난과 외로움을 극복해야 했고, 어린 자녀들을 키우며 전쟁과 침략의 소용돌이 속에서 살아남아야 했다. 전쟁터에서 늘 고국을 그리워하는 전사의 마음 또한 그 못지않은 슬픔이었을 것이다. 이토록 파란만장했던 역사에 묻힌 서민들의 애환이 바로 '파두'로 대변되는 포르투갈인의 슬픔이라는 것이다.

이야기를 들으면 들을수록, 파두의 애절한 리듬을 듣고 있을수록 우리의 강원도 민요인 '한 오백 년'의 '한~ 많은 이 세상~, 아무렴 그렇지 그렇구 말구~'라는 익숙한 구절이 떠올랐다. 우리나라에도 아름다운 민요가 많은데 왜 진작 가까이 하지 못했는지 포르투갈 사람들의 파두 사랑을 보니 부러움에 눈시울이 붉어졌다. 한

국으로 돌아가면 일부러라도 꼭 민요공연을 보러 강원도에 원정관
람이라도 한번 가야겠다. 우리 전통 가락도 익히고, 무대보다 더 아
름다운 전원에서 맛있는 강원도 옥수수도 먹고 말이다.

핸섬 와인 메이커와 함께 걷는 '구름 속의 산책'

　　유럽풍의 계단식 포도농장(와이너리), 신의 물방울이라는 붉
은 성주가 담긴 거대한 오크통, 갈색 오크통에 슬며시 기대고 선
와인 메이커.

　　딱 여기까지만 기대했었다. 헌데 이게 웬 횡재수. 유럽의 와
인 메이커들이 전반적으로 젊고 멋진 남자들이라는 걸 왜 미처 몰
랐을까. 포트와인의 핵심인 포도의 대다수를 수확하는 피냐옹 지역
의 포도농장을 십여 군데 다녀보는 동안 신기하게도 대부분의 와인
메이커들이 젊고 핸섬하다는 의외의 공통점을 발견했다. 이런 고마
운 포도밭 같으니라구. 포르투갈의 포도농장을 찾았다가 꿈에 그리
던 영화 〈구름 속의 산책A walk in the Clouds〉(1995)의 주인공이 되었다.

　　내가 만난 피냐옹 사람들의 이야기가 맞다면 좋은 와인을 구
별할 수 있는 첫 번째 요소인 미각과 후각은 오랜 경험을 가진 노
장도 훌륭하지만, 오감이 극도로 발달되고 순수한 감각을 유지하고
있는 젊은층이 더 유리하다는 거였다. 그래서 포르투갈에는 왕성하
게 활동 중인 젊은 와인 메이커가 많다고 했다. 여자보다는 남자가
감각이 더 좋다는 사실도. 그래서 유럽의 와인 메이커는 대부분이

242

● 포르투갈의 와이너리는 각각 특이한 소
품을 모으는 전통이 있다고 한다. 루이네
농장에선 농기구 장난감을 모으는데 사
진 속 진열장이 농기구 장난감들로 꽉 차
있다.

●● 루이의 소개로 피냐옹 근처의 와인 박
물관에 갔는데 미리 연락받은 소믈리에가
나와 여러 가지 와인을 내어주며 맛을 보
게 해주었다. 이때부터 나는 포트와인의
마니아가 된 것 같다.

남자고 아주 젊거나 아니면 아예 경험이 많은 노장이라고 한다. 어찌됐건 '좋은 와인에 멋진 앙드레'는 그야말로 환상적인 조화 아닌가. 핸섬한 와인 메이커 덕분에 함께 갔던 포르투갈 친구들과 나는 와인의 모든 제조 과정을 줄곧 핑크빛 웃음으로 즐길 수 있었다. 또 분위기가 좋아 망설였던 질문들까지 술술 풀어낼 수 있었으니 금상첨화였다. 우리가 참이슬을 먹고살듯이 와인 메이커들은 신의 물방울을 먹고사는 사람들이니 자연스레 배어나오는 우아함과 핸섬한 외모는 또 다른 신의 선물인 듯싶었다.

아름다운 피냐옹의 포도밭을 함께 산책했던 그의 이름은 루이. 훤칠한 키에 긴 속눈썹이 있고 투명한 와인글라스에 뒤덮여 사는 남자였다. 직업은 이름만 들어도 분위기 넘치는 와인 메이커, 영어도 잘하고 무엇보다 자신의 직업에 대한 프라이드가 넘쳤다. 거기다 머리는 곱슬거리는 금발이고 재미있는 이야기를 할 때면 자신도 모르게 눈이 반달 모양으로 바뀌는, 영락없는 꿈속의 앙드레였다. 앙드레가 누구냐구? 앙드레는 어릴 적 내 친구들과 수다 떨 때 상징적으로 거명하던 외국인 킹카의 별명이다. 예를 들어 미국 킹카는 톰, 유럽 킹카는 앙드레, 일본 킹카는 와타나베, 그럼 아랍권 킹카는 뭘까…… 압둘이다.

이토록 멋진 루이는 와인 메이커라는 자신의 직업에 대한 자부심이 엄청났다. 내가 묻는 한 마디 한 마디에 온갖 현장 정보와 자부심까지 깃들여 대답해 듣는 사람까지 와인을 신비롭게 여기도록 만드는 힘이 뿜어져 나왔다. 포도를 수확하는 시점과 노동력 활용, 포도가 숙성되는 저장고까지 어찌나 자상하게 설명을 해주던지 함께 갔던 포르투갈 친구들과 나는 루이의 와인 찬양에 순식간에 매료되어 숭배하듯 빠져들었다. 와인 이야기는 그만두고 루이에 대한 이야기만 해도 우린 괜찮았을 텐데 말이다.

루이의 농장에 도착하자마자 눈에 띈 건 엽서에서나 보았던 '포도 밟기'였다. 이국적 풍취의 극치인 포도 밟기를 내 눈으로 직접 보다니, 단번에 양말을 벗고 뛰어들고 싶었지만 이미 마무리 단계에 접어들어 말리는 눈치였다. 게다가 내 키를 보아하니 들어가도 밟기보다는 빠지는 수준이라 그런다는 걸 뒤늦게 알아챘다. 괜히 서운한 감이 들어 '아저씨들, 발은 씻었어여~?' 하며 트집을 잡자 농장은 한바탕 웃음바다가 되었다.

한국 여행자들에게는 이 포도 밟기를 직접 볼 수 있는 시기를 꼭 얘기해줘야 할 듯싶다. 포르투갈을 여행한다면 반드시 이 멋진 광경을 찾아보도록. 한국으로 치면 매년 추석 바로 전에 대다수의 농장들이 포도 밟기를 2~3일에 한 번씩 한다. 일부는 축제 형식을 갖추고 있으니 포르투갈 여행을 하는 사람들은 꼭 기억하면 좋을 것 같다. 포르토 여행정보센터에 가도 상업적으로 진행하는 포도 밟기에 대한 정보가 한두 개 있긴 하지만(비추천), 자가용을 빌려 직접 돌아보면 생각보다 작은 규모의 농장에서 직접 하는 소박한 포도 밟기를 많이 볼 수 있다. 한국의 추석이 되면 이미 조금 늦은 것이니 꼭 유의하기 바란다.

아름다운 피냐옹의 모습. 적당한 바람, 습도, 태양이 갖춰져야만 최고급 와인을 만들
수 있는 우수한 품질의 포도를 수확할 수 있다고 한다.

포도 밟기가 한창인 작업장의 한켠에 이미 작업이 끝난 듯한 포도찌꺼기와 즙이 잔뜩 있어 부산스럽게 사진을 찍었다. 맛을 봐도 되겠냐고 애교 섞인 눈으로 허락을 받고는 거품 나는 포도찌꺼기를 검지손가락으로 찍어 맛을 보았는데 설탕을 탄 것처럼 상상 이상으로 당도가 높았다. 다만 아저씨들이 너무 심하게 밟았는지 맛이 조금 시큼한 것이 떫기까지 했다. 혹시나 하고 싼 종류의 와인이냐고 물었더니 루이는 박장대소하며 병당 400유로 정도 하는 최고급 와인이 될 포도즙이라고 했다. 방금 내가 손가락으로 찍어먹은 것만도 5달러어치쯤 될 거라나.

해가 저물 무렵이 되자 함께 갔던 포르투갈 친구들은 약간 나이가 있어 그런지 완전히 지쳐 있었다. 매너 좋고 눈치도 빠른 루이는 쉴 자리를 마련해주고 순식간에 차까지 끓여 왔다. 그러고 우리는 단둘이 노을이 지는 포도밭 샛길로 산책을 나갔다. 멋진 루이와 함께 포도나무 사이로 들어서는 순간 마치 딴 세상으로 이어지는 블랙홀을 지나는 느낌마저 들었다. 도심 속이 아닌 포도밭에서 예정에 없던 데이트를 즐기다니. 순간적으로 머릿속에 잔상으로만 남아 있던 영화 〈구름 속의 산책〉의 한 장면이 떠올랐다. 영화 속에서는 안개가 낀 새벽녘이었던 것 같은데 안개 대신 더욱 풍요로운 노을빛이 넓은 포도밭을 가득 메워주었다.

루이가 들려주는 재미난 이야기에 빠져 시간 가는 줄도 모르고 우리는 계속 걷기만 했다. 포도나무 샛길을 걷는 동안 유난히 탐스러운 포도송이가 나타나면 루이는 제일 큰 포도알을 정성스럽게 따서 맛을 보라며 건네주곤 했는데 정말 천국이 따로 없었다. 와인 메이커가 되기 위해 시험 준비를 하는 포르투갈 청년들 이야기, 루마니아와 불가리아에서 포도를 따기 위해 넘어오는 계절 일꾼 이야기, 피와 땀이 밴 피냐옹의 성스러운 와인 이야기, 포도재배를 위해 고용된 인부들을 먹이기 위한 커다란 재래식 항아리솥 이야기 등, 루이가 들려주는 말은 하나같이 이색적이고 흥미로웠다. 특히 쇠로 만든 목이 긴 항아리솥은 옛날 우리의 시골에서나 볼 수 있었던 거대한 가마솥과 전기밥솥의 음식맛이 얼마나 다른가를 포르투갈 식으로 설명하는 듯해 정겹기까지 했다. 나도 우리 가마솥 얘기를 하고 싶었는데 포르투갈 자랑에 이미 심취한 루이는 말을 끝낼 생각을 안 했다.

　루이 덕분에 와인용 포도와 과일용 포도의 차이도 알게 되었다. 과일로 먹는 포도는 알맹이가 크고 굵은 것이 좋지만 와인을 만들기 위한 포도는 알맹이가 적당히 크고 송이가 적게 달린 것이 더 좋다고 한다. 이게 웬 뚱딴지같은 소리일까. 송이가 적게 달리고 알맹이가 작은 게 좋다니. 와인 메이커 루이님의 설명은 이랬다.

　와인을 만들기 위해서는 당도가 첫 번째로 중요한데 같은 영양 상태에서라면 포도송이에 포도가 적게 열리고 작을수록 맛과 당도가 훨씬 더 높다는 것이다. 그만큼 수확량이 적어지는 것은 당연하지만 최상품의 와인을 만드는 데는 더 유용하다고 한다. 이따금씩 알이 성기게 붙은 야윈 포도송이를 보며 '쟤는 잘 팔리지도 않겠다'고 생각했던 것과는 정반대의 이야기여서 놀라웠다.

한국에선 와인을 가장 맛있게 마실 수 있는 적정 온도가 17도 라고 알려져 있는데 와인의 원산지인 포르토에서도 대략 비슷했다. 화이트와인은 12~14도가 적당하고 레드와인은 16도에서 17도. 종 류에 따라 다르지만 최고 18도를 넘기지 않는 것이 최상의 맛을 즐 기기에 좋다고 한다.

내 앞으로 길게 뻗어나온 포도넝쿨을 슬쩍슬쩍 걷어주는 매너 좋은 루이와의 데이트, 포도밭을 밤새 걸어도 힘들지 않을 것 같았 다. 나와는 무엇 하나 비슷한 점이 없어 보이지만 몇 시간을 루이와 산책하는 동안 잠시 그의 세상을 함께 둘러보고 온 것 같은 느낌마 저 들었다. 루이는 나 못지않게 자신의 일과 환경을 사랑하지만 바 깥세상을 동경하는 마음도 비슷해 보였다.

온 세상을 포도밭과 노을빛으로만 채울 것 같던 시간이 차츰 어둠으로 치닫기 시작했다. 마음 같아선 루이와 밤새 걷고 싶었지 만 슬슬 돌아가야 했다. 친구들이 기다리다 못해 잠들어버렸을지 도 모를 일이다. 마지막으로 루이에게 가장 부러웠던 점을 장난스 레 이야기했다.

"루이, 너는 하루 종일 좋은 와인만 마시니까 정말 좋겠다. 그 치? 저 저장고에 있는 와인탱크의 꼭지만 틀면 언제든지 마실 수 있 잖아. 정말 최고로 멋진 직업 같아!"

그러자 한쪽 입술을 슬쩍 올리며 귀엽게 웃던 루이가 갑자기 내 쪽으로 바짝 다가오는 것이 아닌가. '어머, 얘가?' 루이는 순간적으로 당황한 내 어깨를 두 손으로 꼭 붙잡더니 귓가에 대고 속삭였다.

"Yoo~! 이건 비밀인데, 사실은 나 레스토랑 가면 콜라만 마신다! 와인 지겨워서!"

평생 잊지 못할 데이트는 이렇게 예정에 없이 찾아오나보다. 영화로만 꿈꾸던 '구름 속의 산책'의 주인공이 되어보다니……. 벌써부터 루이가 그리워진다. 루이가 서 있던 피냐옹의 포도밭은 평생 잊지 못할 것 같다. 은밀하게 속삭이던 루이의 콜라 이야기도. 🐍。

한술 더 뜨는 포르투갈의 요란한 신입생 신고식

"어디서 많이 본 장면인데?"

매년 가을 무렵, 포르투갈을 여행하면 반드시 만나게 되는 익숙한 장면이 있다. 포르투갈 종단여행을 하며 모든 도시에서 마주칠 수 있었는데 심할 때는 머리에 돼지죽을 뒤집어쓴 친구들이 재미와 부끄러움으로 뒤섞인 억지미소를 지으며 거리를 활보하기도 했다. 알고 보니 포르투갈 대학 새내기들이 호되게 치르는 전통적인 입학 신고식이었다. 처음 보자마자 어찌나 익숙하고 친근한지 단번에 내려가 함께 참여하고 싶은 마음이 굴뚝같았다. 물론 돼지죽을 엎는 선배 역할이 낫겠지만 말이다.

검은색 망토를 입은 선배들이 즐거운 척 웃어주라며 후배들에게 시키는 듯했다. 그래서 나온 깜짝 사진. 빨간 티셔츠의 새내기들은 귀여운 억지미소를 보냈다.

포르투갈선 매년 10월경 전국의 대학가에서 이런 장면을 목격할 수 있는데, 보통 캠퍼스를 나와 많은 사람들이 보는 대로에서 주로 자행되며 포르투갈 중부의 최대 교육 도시 쿠임브라에서 절정을 이룬다.

유럽에서 내가 했던 실수들…T.T

　이것도 여행의 맛이라면 맛이겠지. 유럽에서 여행하는 동안 현지 친구들에게 본의 아닌 실수를 여러 번 했었다. 때로는 내 생각이 미치지 못한 이유도 있었고 때로는 전혀 예상치 못한 문화적 차이 때문에 일어나기도 했다. 결국 이 모든 실수 덕에 얼굴만 봐도 웃음을 참지 못하는 친구 사이가 되었지만 두 번 다시 저지르기엔 너무 잔인한 행동들이다. 앞으로 장기여행을 떠날 한국의 친구들에게 그간 내가 저질러왔던 만행들을 잠시 소개해볼 테니 독자님들은 필히 조심하여 몸을 사리시도록.

　남편 쪽이 약간은 더 젊어 보이는 현지인 커플 집에 초대를 받았다. 집에 들어서니 사춘기를 맞았는지 조금 쑥스러움을 타는 아들이 방에서 나와 내게 인사를 했다. 나도 뭔가 반갑게 인사를 해야겠다 싶어 말을 건넸다.
　"어머 안녕, 만나서 반가워. 얼굴이 아빠랑 닮았네~~~?"
　그러자 아빠가 난색을 표하며 말했다.
　"나 쟤 아빠 아닌데?"
　옆에서 부인도 거들었다.
　"어, 맞어. 쟤 아빠 아니야."
　"어~~어~ 쩝. 저기. 수염이 좀 비슷하다구……."

　외국에서도 노약자를 위해 자리를 양보하는 모습은 심심치 않게 볼 수 있다. 어느 날 버스를 타고 가는데 앞문으로 거구의 임산부가 타더니 버스 안쪽으로 주욱 들어와 내 쪽으로 다가왔다. 배도 나온데다가 살까지 많이 쪄서 무척 힘들어 보였다. 나는 그 즉시 일어나 자리를 양보했고 여자는 고맙다고 인사하며 자리에 앉았다. 미안해하면서도 흘러내리는 땀을 닦느라 바쁜 여자에게 괜찮다는 뜻에서 간단히 인사를 건넸다.
　"아기 가지셨구나~~ 많이 힘드시겠다."
　"임신한 거 아닌데."
　나는 다음 정거장에서 곧장 내렸다.

　이탈리아의 호스텔에서 한밤중에 배가 고파지기 시작했다. 부엌으로 가보니 마침 스웨덴에서 온 친구가 이것저것 주전부리를 하는 중이었다. 내가 너무 배가 고프다고 하자 친구는 자신이 스파게티를 만들어주겠다며 팔을 걷어붙였다. 어젯밤 나와 술자리를 했던 이라 편한 마음으로 얻어먹기로 했다. 친구는 의외로 솜씨가 훌륭했다.

"우와, 진짜 맛있겠다. 이거 뭐야?"

"ㅋㅋ 별 거 아니야. 재료가 없어서, 그래도 맛있겠지?"

"응, 진짜 맛있겠다. 근데 너도 만들어 먹지 왜?"

"그거 2인분 만든 건데?"

같이 먹으려고 2인분 만들었는데 냄비째 부여잡고 말하는 나에게 미처 알려줄 틈이 없었다고 했다. 이날 밤 우리는 진짜 웃다가 쓰러졌다.

완벽하지 않은 콩글리시나마 자주 쓰지 않으면 정작 필요할 땐 단어들이 입 안에서 헛바퀴를 돌곤 한다. 게다가 여러 가지 언어를 쓰게 되는 유럽에선 이런 어이없는 실수들이 곧잘 터져나오곤 했다.

'어우~~ 나 목말라'라고 말하고 싶은데 순간 단어가 떠오르지 않아 잠시 생각에 잠겼다.

"아이 엠 써~~, 써~~~~, 써~~~~ T.T 써스데이……."

I am very thirsty.라고 해야 하는데……. 나는 목요일이다? 웃다 지친 친구들이 짓궂게 대답했다.

"예써~~~ 아이 엠 먼데이."

"유럽일주 하면 너 그림도 많이 보겠다, 그치?"

"응. 잘은 모르지만 그림 보는 거 좋아해."

"그럼 혹시 이 그림은 어떤 거 같니?"

친구가 부엌 모퉁이에 세워둔 작은 그림을 슬쩍 내놓았다. 나는 잘 모르지만 한참을 들여다보고 느낀 대로 얘기해주었다.

"나쁘지 않은데, 음…… 뭔가 생명력이 없어 보이네. 근데 왜?"

"응. 내가 그렸어."

유럽에서도 역시 너무 솔직하면 무리가 따르는 모양이다. 수습하느라 진땀 빼던 기억이 아직도 생생하다. 부디 독자님들은 이런 황당한 실수는 하지 말기를.^^

Information

전략이 남다르면 여행은 특별해진다

여행은 몸값을 올리는
효과적인 방법

　　나의 공식적인 직업은 축제 기획자다. 엄밀히 따지자면 문화
마케터의 기질이 몹시 강하지만 어쨌든 한국에서의 내 직업은 축
제 또는 공연 기획자로 알려져 있다. 또한 몇 해 전부터 여기저기
미디어에 볼 만한 공연을 소개하거나 여행 관련 기고를 계속하다
보니 자연스럽게 여행 작가, 칼럼니스트라는 타이틀도 따라붙었다.
　　얼굴에 철판을 깐 셈치고 자랑을 하자면 나는 내 직업이 마음
에 들어 미칠 지경인 사람이다. 대한민국 5천만 국민 중에 직업만
족도는 내가 1등이다.

　　나는 지극히 평범한 대한민국 표준 직장인이었다. 물론 재미

는 있었지만, 사회 초년병 시절 문화 마케터 또는 공연 기획자라는 이름으로 평범한 샐러리맨 생활을 할 때조차 '특별히 색다른 직업' 혹은 '월등하게 멋진 직업'을 가졌다는 생각은 해본 적이 없다. 지금도 달라진 것은 하나도 없다. 다만 사람들이 동경하는 세계일주, 유럽일주라는 틀을 통해 일과 여행, 콘텐츠를 동시에 얻고 있으니 아마도 이런 반응이 나오는 것이 아닐까 싶다.

확신할 수는 없지만, 그 배경을 나름 분석하여 그동안 유사한 질문을 가지고 메일을 보내왔던 어린 후배들과 독자들을 위해 적어볼까 한다. 여행 중엔 늘 이동을 하는 터라 인터넷 사용이 원활하지 않았고 피로에 지쳐 모든 메일에 일일이 답해주지 못한 것이 늘 마음에 걸렸다. 가끔은 왜 답신을 안 해주냐며 일방적으로 화를 내는 메일을 보내온 사람들도 있었다. 이것이 그 답례다. 좋은 사람을 만나고 자연을 접할 때는 한없이 느슨하지만 일 얘기가 시작되면 다소 경직된 말투와 억양이 곧잘 튀어나오곤 하니 혹여 비호감형 문장이 나열되더라도 이해해주길 바란다. 미리 말하지만 이 세상에 정해진 정답은 없다. 어디에나 방법은 있고 그것은 서로 조금씩 다르기 마련이다. 다만 필자의 경우를 한 가지 사례로 보고, 여행을 동경하는 한국의 많은 젊은이들은 나보다 조금 더 지혜롭게 하면 된다.

고맙게도 전화통화로만 잠시 인터뷰를 했던 모 경제지 여기자가 30분쯤 내 여행 이야기를 느긋하게 듣고 나더니 이튿날 정확하게 나의 생각을 타이틀로 띄워 기사화해주었다.

"여행은 몸값을 올리는 즐겁고 효과적인 방법"

이것이 여행에 대한 나의 철학이자 전략이다. 여행만 하지 말고 활용하기. 직장에서 받는 온갖 스트레스와 무력감, 처절하도록 경쟁해야 하고 각박한 사회 분위기에서 도망치듯 뛰쳐나와 무작정 쉬기만 하는 것이 '여행'이 아니란 말이다. 특히 일반적으로 생각하는 테마 여행, 즉 취미를 주제로 하는 여행과는 분명히 차원이 다르다. 내가 제안하는 여행은 '조금 긴 출장'이라고 소개하고 싶다.

혹 누군가에게는 이런 멘트 자체가 각박하게 느껴질 것이다. 동의한다. 누구에게나 휴식은 필요하기 때문에 기본적으로 여행은 쉼의 개념이 깔리기 마련이다. 진정 휴식이 필요하다면 당연히 충분한 휴식을 취하는 것이 우선이다. 다만 의지와 에너지가 허락하는 사람, 지금의 일과 환경이 버거워 잠시라도 긴 여행을 상상했던 사람, 혹은 나와 같은 직업적 여행을 꿈꾸는 사람이라면 상상만 하지 말고 휴식과 일을 동시에 할 수 있도록 당신의 직업적 환경을 만들라는 말을 하고 싶을 뿐이다.

그렇다고 무작정 회사를 쉬거나 그만둘 수는 없는 일이다. 하루이틀도 아니고 1년씩이나 일을 그만두고 장기간 자리를 비운다는 것이 말처럼 쉽겠는가. 이 세상의 어떤 회사가 세계일주 또는 유럽일주란 명목 아래 어떤 직원의 먼지 쌓인 책상을 1년씩이나 비워두겠는가 말이다. 지체 높으신 기업 임원님들 목 잡고 넘어갈 일이다. 단언컨대 그런 회사는 없다. 그러니 우리 스스로 상황을 만드는 수밖에. 그 답이 내 경우 비즈니스 여행이었다. 돌아와서도 나를 더 탄탄하게 받쳐줄 밑거름 같은 여행 말이다. 설사 회사를 그만두더라도 복귀가 불안하지 않을 확실한 업무형 아이템을 개발하는 것이 이 여행의 관건이었다.

물론 여기에는 숨은 조건이 있다.

첫째, 평소 자신의 직업적 신조를 굳건히 해야 한다.

그래야만 비즈니스 여행 계획 자체가 비전을 가질 수 있다. 애초에 자신의 직업에 미온적이었거나 별다른 의욕이 없었다면 아무리 멋진 여행 계획을 내놓는다 해도 당신의 말을 곧이들을 사람은 아무도 없다. 고로 비즈니스 여행을 다녀와도 당신의 결과물에 대한 신뢰도는 제로가 되는 것이다. 멋진 기획서? 그것도 말하는 사람의 평소 신뢰도에 따라 어필하는 힘이 나오는 것이다. 평소에 잘하라는 말은 그래서 '옳다'.

둘째, 자신이 연구하려는 비즈니스 분야에 대한 시장 파악이 어느 정도 이루어진 다음에 시행하는 것이 좋다.

예를 들면 한국에서의 팀장급 또는 5년차 이상 대리급들이 자기 분야 연구를 위한 비즈니스 여행을 가면 최고의 효과를 볼 수 있다는 것이 내 생각이다. 이런 경우는 등을 떠밀어야 한다. 그래야만 자신의 경험과 한국의 상황을 십분 고려해 해외의 사례를 스펀지처럼 빨아들일 수 있기 때문이다. 조금씩 천천히 세상 모든 것을 빨아들이기를 반복하다보면 어느 순간, 스스로도 놀랄 정도로 엄청나게 커져버린 자신을 발견하는 짜릿한 쾌감을 맛볼 수 있다.

나의 여행은 이런 방식이었다. 나 스스로에게도 해외시장에 대한 공부가 필요했고, 그렇게 하여 얻을 해외시장에 대한 정보를 관련 업계에서도 동시에 필요로 하고 있음을 알았기 때문에 개인적 포부였던 세계일주, 유럽일주에 접목시킨 거였다.

일에 지친 한국의 젊은이들에게 감히 전하고 싶다. 어디 부동산으로만 재테크하란 법이 있는가. 열심히 일한 당신에게 휴식과 비전을 동시에 줄 경력 재테크 방법은 주택청약통장 들기 또는 조건 좋은 결혼 상대 찾기가 아니라 의외로 '여행'일지 모른다. 자신의 분야를 확실하게 파악할 수 있는 '조금 긴 출장 같은 여행' 말이다. 🅨。

여행 협찬, 스폰,
국고 지원 받는 법

　　주변에서 일어나는 다양한 사건 중에 가장 탐났던 것, 부러웠던 것이 뭘까? 내 경우엔 자신이 하고픈 일을 소신껏 실행하던 사람, 거기다 별의별 이유를 들어 기업 또는 공기관의 협찬까지 끌어내 재정적인 고민을 홀홀 털어버리던 능력 좋은 사람들이었다. 나는 일만 하기도 힘이 부쳐 헉헉대고 있는데 평소에도 뭔가 범상치 않다고 느꼈던 누군가는 일은 일대로 순조롭게 진행하면서 동시에 개인적으로 꿈꾸던 일을 구체화한데다 기업에서 스폰까지 얻어냈다. 이런 만능 탤런트 같은 사람들이 제일 부러웠다. 회사 일도 아니고 개인이라는 이름으로 어딘가 거대조직에서 기금지원까지 받는 사람…… 훔치고 싶을 만큼 부럽고 배우고 싶은 상대이다.

헌데 나이를 먹고 사회 경력이 쌓여 자연스레 도움이 되는 네트워크가 형성되다보니 어느덧 몇몇 사람들의 눈에는 내가 그런 인물이 되어 있었다. 지난 세계일주 때부터 이번 유럽일주까지 기업과 공기관에서 물품이나 금액 협찬을 받고 있으니 지금은 내가 그 사람들처럼 비춰지는 모양이었다. 물론 내 경우는 훨씬 금액도 적고 미약하지만 많은 사람들이 늘 어떻게 스폰과 국고 지원을 받는지 궁금해했다. 그래서 개인이라는 이름으로 기업이나 공기관의 지원금을 공식적으로 얻어낼 수 있는 나름의 요령을 간단하게나마 소개해볼까 한다. '스폰 의뢰'라는 이름으로 해당 기업에 흥미 떨어지는 말만 앵무새처럼 되풀이하고 있는 일부 젊은이들에게 약간의 요령과 실패 사례를 들려줘야 할 듯싶다.

일반적으로 한국에서 어떤 프로젝트를 진행하기 위한 재정적 스폰 기업을 물색하고 접촉을 시도하는 젊은층들은 크게 세 부류로 나눌 수 있다. 학교라는 조직에 속해 있는 그룹, 기업 또는 특수 목적을 가진 민간단체와 연관된 그룹, 아니면 완전히 독립된 개인이다. 첫번째 경우에는 학생 신분으로 교수와 학교 등의 특수한 환경적 배경을 가진 채 스폰 의뢰를 하기 때문에 학생 스스로의 부담이 비교적 덜하다. 또 민간단체나 기업과 연관되어 진행하는 프로젝트일 경우에도 어떤 형식으로든 조직이 갖는 배경을 버팀목 삼아 비교적 안정적인 이미지를 활용하여 스폰 의뢰에 힘을 싣는다.

문제는 개인이다. 어떤 상황에서라도 실익을 우선으로 따져야 하는 경제 사회에서 개인은 힘없는 존재일 뿐이다. 그렇다고 자신이 속한 조직의 이름이나 직함을 활용해 스폰을 얻어내면 그것은 조직의 프로젝트가 되지 완전히 내 것이 될 수 없다. 그 어떤 조직에도 연을 두지 않고 완전히 독립된 개인 자격으로 기관 또는 기업에 스폰을 의뢰한다는 것은 어찌 보면 계란으로 바위를 치는 격이 될 수도 있다. 내 경우가 처음엔 그렇게 비춰졌고 실제로 현실은 결코 만만치가 않았다. 그것도 세계일주, 유럽일주라는 한국 사람이라면 누구나 가고 싶을 '여행'을 위해 협찬을 해달라니 첫마디에 거절당하기 딱 쉬운 아이템이었다.

그래서 '전략'이라는 것이 필요하다. 개인의 포부를 실현할 1인 프로젝트의 재정 협찬을 얻어내기 위한 방법에도 '나누고, 쪼개고, 다시 모으는' 요령이 필요하단 말이다. 특히 내 경우에는 그냥 여행도 아닌 세계일주였다. 얼핏 보기에도 "저 좋자고 하는 여행에 왜 경비를 대줘?"라는 말이 나올 법한 소재 아닌가. 그래서 지난 세계일주 때는 기업을 대상으로 필요한 협찬물을 분산시켜 다수를 공략했었다. 반면 이번 유럽일주에서는 공공의 목적을 강조하여 공기관의 지원을 얻어내는 데 성공했다.

욕심이 있는 사람이라면 이와 같은 방법으로 이미 실천하고 있는 주변인을 보며 공통적인 특징을 발견했을 것이다. 기업을 주로 공략하는 사람과 공기관을 주로 공략하는 사람의 기능적 차이 말이다. 주로 기업에서 협찬을 얻어내는 사람들은 아이디어와 실행력이 빠르다. 눈치가 좋고 기업이 원하는 메시지에 민감하게 반응

한다. 반면 공기관에서 지원을 얻는 사람들은 비교적 네트워크가 좋은 이들이다. 어느 기관의 어떤 예산이 언제 집행되고 필요한 절차와 제한점이 무엇인지 잘 알고 있다. 무엇보다 그런 정보들이 수시로 자동 수집되도록 탄탄하게 네트워크가 뻗어 있는 것이 그들의 강점이다. 그래서 공기관의 지원은 '받는 놈이 계속 받는다'라는 말이 나온다.

얼핏 보기엔 얄밉기도 하지만 덮어놓고 비난할 수는 없는 노릇이다. 그 사람들이 바지런을 떨며 결과물을 얻어내기 위해 오랜 작업을 해왔음을 부정할 수 없기 때문이다. 내게 스폰 관련 질문을 했던 대다수 사람들도 바로 이 점에서 문제점을 드러냈다. 하고픈 일을 열심히 하고 있는데 재정 지원을 어디서 받아야 할지 모르겠으니 어떻게 접근해야 하느냐고 묻는다. 그러면서 자신이 접촉해야 하는 분야에 대략이라도 어떤 기관들이 있고 어떤 지원 제도들이 있는지 조사 한번 해보지 않은 티가 역력했다. 고민하지 않고 움직이지 않았으면서 입으로만 꿈꾸는 사람들이다.

재정적 지원을 끌어내기 위한 모든 프로젝트의 목적과 성격은 각기 다르다. 때문에 선경험자라 할지라도 일일이 방법론을 제시하긴 어렵다. 다만 재정적 지원을 끌어내기 위한 각자의 주장과 논리에는 반드시 수반되어야 하는 룰이 있음을 알려줘야 할 듯하다.

먼저 공기관을 대상으로 한 지원 신청일 경우 어떤 사적인 성향의 프로젝트라 할지라도 개인이 아닌 사회 전반에 공공의 이익을 줄 수 있다는 점, 즉 '모두에게 좋은 일임을 확실하게 강조하라'

는 것이다. 결과물에 대한 공유와 실효성 그리고 사회적 영향력을 강조해야 한다.

반면 기업을 대상으로 하는 스폰 의뢰에서 잊지 말아야 할 점은 오만을 버리는 것이다. 무슨 뜻일까? 세상의 모든 사람들이 나보다 똑똑하다는 것을 인정하라는 말이다. 다양한 아이디어와 해당 시점에 그 기업이 주력하는 상품에 대한 연계성을 강조하는 것은 물론 중요하지만, 그 정도는 누구나 생각할 수 있는 수준이라는 것을 간과하지 말라는 뜻이다. 때문에 대다수 기업에 접수되는 협찬 제안서에는 뻔하디 뻔한 말들만 매력 없이 메아리 칠 뿐이다. 자동차 회사에 회사 로고를 붙이고 달려줄 테니 협찬해달라거나 카메라 회사에 다양한 사진 기능을 홍보해줄 테니 협찬해달라는 등의 뻔한 제안서 받기가 피곤스럽다는 것이 요즘 기업 지원 담당자들의 단골 불평이다. 그런 면에서 기업 마케팅에서 활용되고 있는 기본적 브랜드 노출 툴에 준하는 방법들은 아예 협찬 제안서에서 빼는 것도 한 방법일 듯하다. 전혀 다른 형식의 원원 아이디어를 새롭게 고안해야 한다.

또한 기업이든 기관이든 협찬 지원에 유리한 정보가 있다손 치더라도 막무가내로 부딪히는 건 위험한 발상이다. 거액이든 소액이든 주어진 상황에 따라 가능성을 높이기 위한 몇 가지 방법을 생각해볼 수 있다.

첫째, 협찬 목록을 분산시켜라

한 번에 필요한 전체 경비를 지원받을 수 있다면이야 금상첨화겠지만, 그게 어디 쉬운 일이겠는가. 특히 요즘처럼 경기가 어렵고 불안한 시기에는 더욱 그렇다. 설사 목돈을 지원받는다 해도 당신이 꿈꾸던 프로젝트가 원래의 의미는 사라지고 지원받은 금액만큼 되갚느라 정신없는 고행이 될 수도 있으니, 고정관념을 버리고 분산시켜 부담을 줄이는 시도가 필요하다.

먼저 협찬을 받고 싶은 목록을 작성해보자. 그러면 실제적으로 필요한 비용이 있고 물품으로 대신할 수 있는 성격이 규정될 것이다. 거기다 물품의 성격에 따라 기업 협찬인지 개인 협찬으로 접근할 것인지를 다시 구분해보자. 기업 협찬은 비교적 거액이거나 덩어리가 큰 상품 협찬이 될 테니 위에서 언급했던 원리를 감안하여 공략 방법을 확인한 후 따로 협찬 의뢰서를 작성하고 단계적으로 신중하게 접근해야 한다. 이럴 때 평소 밥을 같이 먹던 지인들의 정보라인이 필요하게 될 것이다. 주변에서 일이 잘 풀리는 것처럼 보이는 사람들의 진가는 이런 데서 드러나는 법이다. 협찬을 받고 싶은 기업의 최근 뉴스와 상품 성격, 마케팅 포인트와 타깃층, 최근의 지원 사례와 경향, 집행 가능한 대략적 금액까지 가능한 많은 정보를 수집한다. 이 모든 정보는 제출하는 협찬 의뢰서에 아주 유용하고 섬세한 방법으로 적용되어야 한다.

반면, 개인 협찬은 사적인 친분을 주로 활용한 작은 규모의 도움을 말하는데 격려 차원의 선물 등도 여기에 해당될 수 있다. 프로젝트 진행에 결정적 영향을 줄 수는 없지만 잘만 하면 의외로 많은 예산을 절약할 수 있다. 여기에도 친분 정도와 경제적 여력에 따라 세 분류로 나눌 수 있는데 먼저 경제력을 갖춘 지인들에게 격려 차원의 큰 덩어리 협찬을 기대할 수 있다. 내 경우도 첫 세계일주의 경우에는 아무리 설명을 하더라도 일단 해외의 공연을 보러 세계일주를 한다는 아이템 자체가 지극히 사적인 욕구 충족의 이미지를 벗어나기 어려워 아예 처음부터 공기관 지원은 시도조차 하지 않았다. 뭔 말을 해도 그들의 귀에는 '여행'이라는 단어밖에 들리지 않을 듯싶었다. 오히려 필요한 금액과 물품들을 분산시켜 주변 중소기업과 정보를 가진 지인들에게 나누어 작은 협찬들을 무수히 이끌어낸 케이스였다.

예를 들면 평소 내게 아이디어 주문을 많이 하던 사업가 선배에게는 노트북을 협찬 받고, 벤치마킹할 수 있는 해외의 사례가 필요한 사람에게는 핵심 보고서를 보내주는 대신 세계일주 항공권을 지원받는 형식이었다. 개인적으로는 신경 쓸 일이 더 많아지지만, 작게 나누어 협찬 제공자의 부담을 줄이니 의외로 통합적 성과는 훨씬 컸다. 거기다 프로젝트의 성공을 기원하는 지인들의 격려 선물들은 티끌 모아 태산이 되었다

마지막으로 물질이 아닌 자신의 네트워크를 통해 지원을 받는 무형협찬도 예상외로 큰 예산 절감 효과를 가져온다. 많은 사람들이 눈에 드러나는 것이 없다 하여 그 효력을 간과하는 경향이 있는데 천만의 말씀이다. 일을 진행하면서 주기적으로 발생하는 정보

부족, 인력 부족, 궁핍한 접촉 라인까지 필요할 때마다 주변 지인들의 네트워크는 예산 절감은 물론이요 프로젝트를 성공적으로 운영하기 위한 결정적인 역할을 한다. 내 경우 여행 중 세계 곳곳에 있는 지인들의 네트워크 덕분에 안전 문제, 향수, 현지 정보, 통역, 심지어 숙소 문제까지 숫자로는 환산할 수 없는 혜택과 실질적인 예산 절감 효과를 톡톡히 볼 수 있었다.

무엇보다 든든한 정신적 협찬 효과에 대해서는 두말하면 잔소리다.

이 단계까지 온 사람이라면 협찬 수주 과정에서 정보력이 얼마나 중요한지 충분히 알 것이다. 그러니 부디 성공적인 협찬 수주를 위해 적재적소에서 지원받을 수 있도록 요령껏 대처하고 평소에 미리미리 준비하자. 솔직히 말하면 얼마만큼의 협찬이 가능할지는 대략 추정이 가능하다. 베푼 만큼 돌아오는 법이니까 말이다.

둘째, 당신이 '줄 것'은 무엇인가

또 한 가지, 협찬 제안에 빼놓을 수 없는 것이 자신의 콘텐츠다. 협찬을 받는 대신 내가 줄 수 있는 것은 무엇인가 하는 점이다. 모두가 아는 것처럼 세상에는 절대로 공짜가 없다. 협찬도 엄연한 거래다. 받는 것이 있다면 분명히 나도 무언가 줘야 한다. 기업 협찬이나 공기관 지원, 어느 쪽이든 받은 만큼 다른 무언가를 건네야 하는 것은 기본이요, 개인 협찬도 사실은 여태까지 당신이 무언가를 베푼 대가이거나 앞으로 갚아야 하는 무형의 빚이라는 점을 명심해야 한다.

협찬을 제공받기 위해 기업에 제안하는 의뢰서 안에는 당신이 '줄 것'이 무엇인지 명쾌하게 명시되어야 한다. 위에서 잠시 언급한 것처럼 대다수 기업 지원 담당자들이 답답해하는 점, 한국 대학생들이 이 과정에서 백발백중 낭패를 보곤 하는 포인트가 여기 숨어 있다. 여행 다녀와서 학교에 리포트 제출할 테니 학원 재단의 지원금을 달라거나 여행사에 여행후기 기고할 테니 여행 경비를 지원해달라는 식의 빤한 거래는 잔일만 늘어날 뿐 아무런 매력도, 흥미도 없다. 물론 기대효과도 제로다. 나 또한 카메라와 장비 일체를 카메라 전문업체에게 어렵사리 협찬을 얻어낸 경우였지만, 추정컨대 알고 지내던 인적 네트워크의 영향으로 운이 좋았던 것 같다.

협찬을 끌어내는 핵심 키워드가 궁금한가? 그렇다면 지금부터 기업체의 협찬 담당자들이 솔깃해할 만한 나만의 '줄 것'이 무엇인지 생각해보길 바란다. 나만이 줄 수 있는 차별적인 콘텐츠가 있어야 한다. 내가 가진 무기가 어떤 것이냐에 따라서 이 세상 모든 거래의 승패가 좌우된다. 🐚

밥 한 끼에 담긴 감동

벌써 10년 전 이야기다. 교수, 디자이너, 종교인, 컨설턴트 등 30~40대 전문 직장인 모임에 초대되어 자연스럽게 멤버로 합류한 적이 있었다. 술이 좀 과하긴 했어도 사회에서 인정받으며 살아가는 그네들의 모습을 가까이서 살펴보는 것은 색다른 재미였다. 그 중에서도 중소기업을 운영하는, 체구가 유난히 작았던 한 여성 CEO를 만난 것은 행운이었다.

그런데 시간이 지날수록 멤버들은 CEO 직함을 가진 그분에게 습관적으로 "사장이니까 돈 내!"라는 말을 자주 했고, 수차례 반복되자 이제는 당연하다는 듯 더욱 비싼 술을 시켜댔다. 그래도 그분은 한 번도 화를 내거나 언짢은 표시를 내지 않았다.

그렇게 친구가 된 CEO 언니를 점심시간에 강남으로 불러냈다. 그러고는 백반집으로 데려가 "언니는 사장이라고 매일 사기만 하니까 오늘은 내가 사는 밥을 먹어봐!"라고 했다. 헌데 내가 기대했던 것보다 언니는 훨씬 더 감동하는 것 같았다. 예상치 못한 말을 들어서인지 잠시 놀라는 듯하더니 사심 없이 '누가 사주는 밥을 먹으니 이렇게 기분 좋을 수가 없다'며 가게가 떠나가도록 웃고 또 웃었다. 덩달아 내 기분도 날아갈 듯 좋아졌다.

이날 입맛이 촌스러운 CEO 언니는 5,000원짜리 순두부찌개를 먹었고, 입맛이 까다로운 강남 샐러리걸이었던 나는 9,000원짜리 비빔밥을 맛있게 먹었던 기억이 난다. 나이 차이는 좀 나지만, 지금까지도 늘 든든한 후원자가 되어주는 언니에게서 5,000원짜리 밥 한 끼의 대가치고는 너무도 많은 것을 얻었다.

그 뒤로 나만의 실험을 해보기로 했다. '성의 있게 밥 사기'다.

어차피 먹는 밥, 크게 부담되지 않는 선에서 지인들에게 성의 있게 밥을 사기로 말이다.

누군가 밥을 사겠다고 약속한 경우가 아니라면 나는 웃는 얼굴로 선뜻 밥을 샀고, 경제적으로 넉넉지 않은 친구들에게는 "비싼 건 못 사도 사랑 넘치는 밥을 사줄게!"라고 말해 미리 기쁘게 했다.

우연히 시작된 이 실험은 대략 3년이 지난 다음에야 슬슬 효과가 나타나기 시작했는데, 도저히 믿기지 않을 만큼 엄청난 변화를 가져왔다. 5,000원짜리, 10,000원짜리 밥을 샀을 뿐인데 사람들은 무엇이든 내게 더 주고 싶어 안달이 났다. 자랑을 좀 하자면 지난 세계일주를 떠나면서 지인들에게 받았던 응원물품만 해도 노트북, 카메라, 외장하드, 가방, 비상약, 보험, 항공권, 3개월짜리 유레일패스 등이었다. 고맙게도 사람들은 내 밥값을 참 높게 쳐줬다. 내가 힘들 땐 늘 도와줬고, 울면 닦아주는 친구가 돼주었다. 내 마음을 조금 더 성의껏 표했을 뿐인데, 사람들은 내가 평생 갚아도 부족한 사랑으로 되돌려줬다.

몇 년간 수없이 밥을 사며 힌트를 줬건만 아직도 "넌 왜 그렇게 운이 좋아?"라고 말하는 어리석은 친구들이 있어서 오늘은 그 비밀을 밝힌다.

《국민일보》 '살며 사랑하며' 2008년 7월 21일

신문, 잡지에
기사 기고하는 요령

여행을 좋아하는 많은 한국 젊은이들이 한번쯤은 직접 여행 작가가 되어보기를 꿈꾼다. 굳이 전업 여행작가가 되지는 않더라도 자신이 겪었던 아름다운 여행의 추억과 노하우를 신문이나 잡지에 기고하여 많은 사람들이 함께 공유하기를 바랄 것이다. 헌데 단지 여행만으로는 더 이상 흥미를 끌기가 부족하고 무엇보다 골수 여행 자들이 워낙 많아지다보니 경쟁이 치열하여 웬만큼 특별한 여행 경력이 있거나 신문, 잡지에 인맥이 있지 않고는 그런 기회를 갖기는 말 그대로 '하늘에 별 따기'다.

물론 여행기 기고에 가장 유리한 조건은 전문성이다. 같은 여행도 특별한 테마가 있고 해당 분야에 대한 전문성이 뒷받침되면 이야기가 쉬워진다. 예를 들어 내가 시도했던 '공연 따라 세계일주' 처럼 공연 기획을 10년 이상 직업적으로 해온 사람과 나이는 비슷하나 다른 경력을 가진 사람이 똑같은 여행을 가겠다고 하는 것은 듣는 사람의 기대치에 엄청난 차이가 생길 수밖에 없다. 그러나 아직 나이가 어리고 경력이 많지 않을 어린 학생들에게는 너무나 먼 이야기일 수밖에 없기 때문에 여기서는 전문성 이외에 어떤 방법을 취해볼 수 있는지 간단히 언급해볼까 한다.

먼저 미디어 선택에서부터 전략이 있어야 한다. 여행기획안을 무작위로 뿌리기보다는 가능성이 높은 몇 개 미디어를 선별하여 집중도를 높이는 것이다. 여기서 잠깐, 미디어 선택시 개인적으로 좋아하는 미디어가 아니라 평소 해당 분야에 좀 더 많은 페이지를 할애하는지, 독자 선호도는 어떤지를 파악해야 한다. 예를 들면 여성신문사에 건축에 관한 여행기를 기고하고 싶다거나 젊은 독자층이 주 타깃인 신문사에 노년의 여행 아이템을 들이면 제안을 받는 쪽에선 얼마나 당황스러워할지 자명하다. 물론 여성을 타깃으로 한다고 해서 건축 분야에 무조건적으로 관심이 없을 거라고 단정 지을 수는 없지만 비교적 가능성이 낮고 일단 자연스런 그림이 나오질 않으니까 말이다.

제안하고자 하는 미디어를 선택했다면 구체적인 내용을 전달할 차례다. 이때 기획안에 반드시 드러나야 하는 중요 포인트가 있다.

첫째, 차별적인 아이템인가(참신성, 흥미성)
둘째, 미디어의 성격에 부합하는가(시장성)
셋째, 글 쓰는 이가 누구인가(전문성)
넷째, 사진이 좋은가(비주얼)

기획안에는 미디어에서 좋아할 만한 독자층에 대한 연계성과 함께 많은 사람들의 흥미를 끌 만한 신선하고 재미있는 아이템임을 강조하고 글을 쓰는 이가 기사를 펑크 내지 않고 안정적인 실행이 가능한 사람이라는 것을 드러내야 한다. 부족하더라도 취재 능력이 어느 정도 갖추어져 있음을 보여주는 것도 불안감을 없애는 중요한 포인트다. 거기다가 사진 기능을 동시에 보유하고 있다는 사실을 상기시키면 더욱 좋다. 사진 없는 여행기는 건더기 없는 국물과 다를 것이 없지 않은가. 싼 원고료를 가지고 사진작가까지 함께 움직일 것이 아니라면 1인 멀티기능을 강조할 수밖에 없다.

여행 전체에 대한 여행기획서는 별도로 작성하고 미디어 기고를 위한 기획안은 미디어의 성격에 맞추어 따로 작성되어야 한다. 뒷 페이지의 샘플 내용은 지난 2007년 D신문사와 연재 방법을 논의하기 위해 작성했던 연재기획안의 일부 내용이니 참고하기 바란다.

먼저 여행기 연재기획의 개요를 소개하고 뒤이어 국가별 취재 아이템에 대한 구체적인 일정, 장소, 인터뷰 대상을 상세히 소개하는 리포트가 1년치 통째로 붙여져야 한다. 설사 중간에 변동사항이 생기더라도 1년 동안 펑크 내지 않고 미리 준비된 취재 주제에 맞춰 성실하게 기사를 제공할 수 있음을 서면으로 보여주어야 한다. 어쨌든 이런 방법으로 신문사나 잡지사의 외부기고 담당자 또는 여행 담당자를 확인, 접촉하여 기고 의사를 전달하면 된다. 이후 미디어의 관심 여부에 따라 진행이 결정될 것이다. 때문에 소재에 대한 차별성과 흥미성은 미디어와 파트너십을 맺는 가장 중요한 관건이 된다.

　　그러나 미디어 접촉 과정에서도 인맥은 너무나 중요한 순간에 적용된다. 여전히 빌어먹을 인맥으로 돌아가는 세상이냐구? 아니, 그런 뜻이 아니다. 정말 좋은 여행 아이템이라면 굳이 공식절차를 밟아 서류를 제출하지 않더라도 미디어에서 먼저 연재 의뢰가 들어온다는 것이다. 정말 기가 막힌 여행 아이템이 정해졌다면 자연스럽게 주변 지인들을 통해 입소문이 나게 되고 자신도 감지하지 못하는 주변 네트워크를 통해 어디에선가 동물적으로 냄새를 맡은 미디어 관계자가 먼저 여행기를 기고해달라는 기분 좋은 의뢰를 해온다는 말이다. 기획이 좋으면 좋을수록 미디어는 우리의 아이템을 자신의 미디어에 노출시키기 위해 치열하게 접촉해온다. 또한 그것이 묘미다.

　　내 경우도 그런 사례였다. 먼저 공연 따라 세계일주에 대한 입

공연 따라 세계일주 – 연재기획안 샘플

- 가 제 : 세계의 문화거리를 가다
- 주 제 : 문화공연, 예술축제 등 세계 각국의 대표적 문화거리를 직접 방문하여 최근의 이슈와 트렌드를 살펴보고 한국의 독자들에게 다양한 재미와 생동감 넘치는 현장의 모습을 빠르게 전달한다.
- 일 정 : 2007. 3. 15.~2008. 4. 20.(1년간)
- 경 로 : 미국 ➜ 남미 ➜ 아프리카 ➜ 동유럽 ➜ 유럽 ➜ 영국 ➜ 북유럽 ➜ 러시아 ➜ 중앙아시아 ➜ 오세아니아 ➜ 일본 ➜ 서울

- 대륙별 주제 분배(총 24개 기사)
  북미 – 3편(미국)
  남미 – 4편(콜롬비아, 아르헨티나, 브라질, 멕시코)
  아프리카 – 2편(남아공, 이집트)
  유럽 – 8편(북, 동유럽 포함)
  러시아 – 1편(상트페테르부르크)
  아시아 – 4편(중국, 아시아 묶음)
  오세아니아 – 1편(호주)
  한국 – 1편(문화 여행 마무리 정리)

- 주제별 취재 방법
  1) 현장 스케치
  2) 독특한 문화거리, 공연축제에 대한 성격조사
      – 역사, 특징, 진행 방법 등
  3) 해당 축제의 사회적, 국가적 의미
  4) 문화산업적 측면에서의 특징
  5) 한국 문화시장과의 비교, 배울 점
  6) 관계자의 의견 및 설명
  7) 향후 전망

● 취재 내용 3단계 구조
  1) 메인 : 현장 스케치
  2) 팁 박스 : 생생한 현지 이용 정보
  3) 사람들

● 첫 출국일 : 3월 15일
● 원고 발송 : 3월 30일(사전 테스트용 2건 발송)
● 발송 주기 : 2주 1회(1건)
● 원고 분량 : A4 1.5매
● 희망 연재 : 5월 1일부터 원고 발송 가능
● 사진 전송 : 개인 웹하드 사용(4. 13. 오픈, 아이디 공유 예정)
● 사진기기 : EOS 450(1000만 화소 이상)

어제도~ 오늘도
클래식공연장은
'오프닝 나이트'

'남미의 브로드웨이' 코리엔테스 거리

오후 2시만 넘으면 공연 불결

소문이 돌고 그 후에 고맙게도 여러 매체에서 기분 좋은 제안을 해주었다. 이전부터 작은 잡지에 볼 만한 공연을 추천하는 글을 써왔지만 세계일주를 계기로 주요 미디어와 파트너십을 맺고 정기적으로 기사를 노출하는 영광스런 기회들이 연이어 찾아왔다. 당시 내게 접촉해온 미디어의 반응은 대체로 '기획의 참신성'을 언급했던 것으로 기억된다. 내 경험으로 볼 때 미디어의 연재기획안은 사실상 선의뢰를 받은 후에 고무된 기분으로 작성해도 늦지 않다. 이것이 인맥의 차이일까? 아니다, 기획의 결과다.

지금 이 시간에도 주변의 많은 지인들이 여행기 기고는 물론 타 분야의 비평, 전문칼럼 등을 연재하고 있는데 대다수 공식절차보다는 아이템에 따라 미디어에서 먼저 접촉을 해오는 것이 일반적인 순서처럼 되어 있다. 이미 경험이 있는 사람들은 아이템의 적합성을 검증하는 데도 훨씬 쉽고 유리하게 진행되는 것은 당연한 일이다. 현재 미디어에 노출되고 있는 여행기 연재 기사의 절반 이상이 이런 경우에 해당된다. 어딘가로부터 소식을 전해들은 미디어 관계자들이 먼저 의뢰를 해오는 것이다.

잊지 말자, 기획이 좋으면 미디어는 자연스럽게 파트너로 다가오는 존재다. 굳이

재미로 익혀보는 아이템 발굴 사례

"야! 마감 끝났냐? 너 중학교 동창 은진이 동생 은성이 알지(보이지 않는 인맥)? 걔가 이번에 각국 남자들이랑 직접 데이트해보고 싶다고 여행 간대(흥미성)."

"어머, 정말?"

"걔네 부모가 완전히 내놨나보더라. 남사스럽다고 쉬쉬하나봐(차별성). 걔가 고등학교 때부터 좀 놀았냐(전문성)?"

당첨!

다가가지 않아도 된다. 그러므로 아이템 발굴에 전념하는 게 현명한 선택일 것이다. 여행의 감상을 책으로 출판하고자 할 때도 이와 똑같은 원리가 작동한다. 이런 현실을 감안하여 치밀하게 노력한다면 오래지 않아 당신의 멋진 여행기를 우리 모두가 함께 공유하는 날이 오지 않을까. 🐍。。

출국 타이밍은
바로 이때다

　　제목만 보고 이 페이지를 펼친 사람이 장기여행의 시작은 몇 월 며칠, 아니면 단풍이 지는 늦가을, 혹은 북극선 인근의 오로라 를 보기 좋은 12월 초순. 이런 식으로 날짜를 콕 찍어줄 것으로 기 대했다면 미안한 일이다. 그러나 지금 내가 일러주는 조언을 지키 는 사람은 여행이 끝나는 마지막 밤 12시까지도 편안하고 즐거운 여행을 즐길 수 있을 테니 반드시 염두에 두고 오랜 시간 생각해보 길 바란다. 이 단락의 내용은 장기여행 선경험자로서 후배들에게 줄 수 있는 최고의 선물이자 세계일주와 유럽일주에서 내가 얻은 가장 값진 노하우다.

여행을 하다보면 종종 한국 여행자를 만나 반가운 마음에 같이 밥을 먹기도 하고 하루이틀쯤 같은 장소를 방문하고 가끔은 내가 공연을 소개해 함께 보기도 한다. 그러다가 이내 서로의 근황과 여행코스를 묻다보면 "얼마나 여행하세요?" "어디가 좋으셨어요?" "어떤 일을 하시는데요?"와 같은 비슷비슷한 질문들이 오가게 된다. 헌데 의외로 많은 사람들이 이런 상황이 되면 얼굴이 붉어지면서 당황한다. 별로 이야기하고 싶지 않다는 듯이 다짜고짜 한숨을 쉬기도 하고 줄담배를 피우는가 하면 인생이 재미없다는 표정으로 어깨를 늘어뜨린다.

　　왜 그럴까? 준비가 안 됐는데 나왔기 때문이다. 여행하는 동안 억지로 잊고 있을 뿐 돌아갈 곳, 기다려주는 곳이 없기 때문이다. 달리 말하면 다시 시작할 준비를 하지 않은 상태에서 무턱대고 나오기만 했기에 돌아갈 때가 되면 하염없이 한숨만 쉬는 것이다.

　　내 경우도 '갈지 말지'보다는 '언제 갈까'를 두고 더 오랫동안 고민을 했던 것 같다. 누구나 이런 애매한 문제에 부딪히면 아무리 머리를 쥐어짜도 헷갈리기 마련 아니겠는가. 이럴 때마다 나는 초등학생처럼 하얀 종이와 연필을 준비한다. 그다음엔 평소 즐겨 찾던 조용한 카페로 간다. 그리고 장기여행을 가서 좋은 점과 나쁜 점, 지금 출발과 6개월 또는 1~2년 후 출발의 차이점과 귀국 시점 등, 각각의 장단점을 일일이 아날로그 방식으로 써보는 방법을 쓴다. 어릴 적 '받아쓰기'를 할 때처럼 말이다. 그리고 점수를 매겨 더 높은 쪽을 선택한다. 물론 가서 좋을 이유만 적으려고 부단히 노력하지만.

어린아이 같은 방법이라고 섣불리 비웃지 말아주길 바란다. 너무나 유치한 방법이지만 생각보다 유용하다. 우리가 흔히 쓰는 말처럼 '장단점이 많았지만, 최선의 선택이더라'를 눈으로 직접 확인할 수 있기 때문에 이 방법을 쓰면 결정한 후에도 절대 흔들림이 없다.

이 글을 읽고 있는 센스 넘치는 독자들은 내 말이 무슨 뜻인지 눈치챘을까? 과연 당신은 '돌아올 준비'가 되었는지를 확인하라는 거다. 긴 여행을 다녀와도 내가 설 자리가 남아 있겠는지를 점검하라는 거다. 신나게 세계일주를 하고 돌아왔는데 먹고살 길이 막막한 상황이 되면 정말 곤란할 것 아닌가. 여행을 가는 것은 쉽다. 돌아오기가 어려운 것이다.

언제 가면 되냐구? 세계일주, 유럽일주는 '돌아올 준비가 되었을 때' 가는 거다.

장기여행을 시작하는 타이밍은 생각처럼 그리 단순하지가 않다. 세계일주, 유럽일주를 꿈꾸는 한국의 젊은이들이여, 명심하시라.

여행은 돌아오기 위해 가는 거다. 🐌。

286

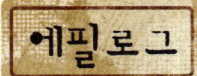

동유럽에서 가져온 미래의 예언

공연 따라 세계일주를 마치고 한국에 돌아갔을 때 언론에서 관심을 가져주었던 기억이 난다. 예상대로 결혼자금으로 과감하게 세계일주에 나섰다는 이야기를 주로 다뤘는데 어느 날 모 포털 사이트의 메인 기사로 잠시 등장하게 되었다. 고맙게도 며칠 동안 그 기사를 본 네티즌들이 많은 격려의 댓글과 이메일을 보내주었다. 그러다 유일하게 나의 세계일주를 비판했던 어느 남학생의 댓글을 보고 깜짝 놀랐다.

"꼭 이런 여자들이 돈은 혼자 다~아~ 쓰고, 나중에 결혼할 때 되면 돈 없는 남자는 자기 타입이 아니라면서 무시해버리고 결국은 돈 많은 남자만 골라서 결혼하더라. 뻔하지."

우습기도 했지만 슬쩍 겁도 났다. 아무리 봐도 그렇게 몰아세울 만한 근거가 없는데 무엇 때문에 그토록 극단적으로 오해하는지 답답하고 억울했지만 댓글에 일일이 나서는 게 더 부자연스러워 묵묵히 속앓이만 하고 있었다. 소심해진 마음에 훗날 결혼하려는데 정말로 그 남자가 돈이 많으면 어쩌나 하고 걱정도 되었다. 헌데 바로 그다음 댓글이 나를 살렸다. 남학생의 댓글을 본 어느 여학생의 글이었다.

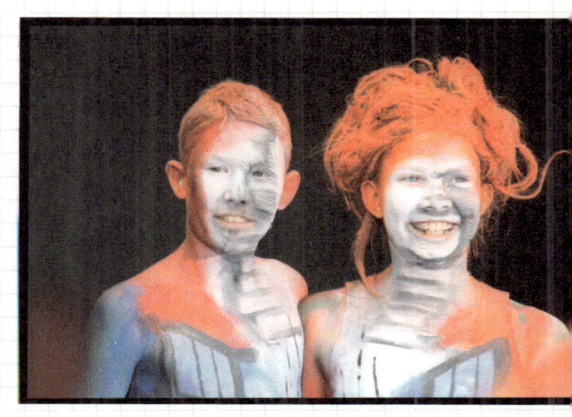

"쯧쯧~~~~ 너 같은 찌질이 만날까봐 그런다 왜?"

그때의 통쾌함은 지금도 여행 중인 나를 혼자 웃게 만든다. 이유야 어찌되었든 공공에게 노출된 일부 정보를 가지고 그토록 극단적인 편견을 가질 수 있다는 사실이 겁나기도 했고 혼자 속상해하던 내 마음을 한 번에 풀어준 여학생의 통쾌한 복수가 고마웠다.

그렇게 그리운 한국을 추억하며 또 한 번의 유럽일주를 겨우 마쳤다. 흔들리지 말자, 쉬이 포기하지도 말자, 왜 여행하는지 잊지도 말고 약해지지도 말자, 돌아보지도 말자며 1년 내내 끊임없이 스스로에게 주문을 걸며 달려왔다. 때로는 어찌나 바쁘게 움직였던지 이동 중에 끼니로 때울 샌드위치 살 틈조차 없어 하루 종일 굶어야 했을 때도 있었고, 어떤 날은 의기소침한 채 아무것도 하지 않고 하루 종일 침대에 누워 눈만 깜빡이던 날도 있었다. 여행 중 몸이 아픈 때도 있었다. 그러나 아무도 아픈 내게 음식을 가져다주지 않으니 아파도 직접 거리로 나가 먹을 음식을 해결해야 했다. 그렇게 버티듯 달려온 여행이었는데 오지 않을 것만 같았던 마지막이 고작 며칠 후라는 사실이 아직도 믿겨지질 않는다.

1년간의 유럽일주 동안에는 예상대로 세계 곳곳에서 모여든 여행객들과 현지 유럽인들, 유럽을 여행 중인 한국인들을 번갈아가며 만날 수 있었다. 내외국인 할 것 없이 유럽에서 만난 많은 친구들이 장기여행에 대한 궁금증을 풀기 위해 내게 관심을 보여왔지만, 사실 대부분의 느낌은 지난 세계일주 때와 크게 다르지 않았다. 그 때문이었을까. 시간이 지날수록 말수가 적어지는 것은 어찌 보면 당연한 현상이었다. 같은 질문에 같은 대답을 하는 것도 즐겁지 않았고 날이 가고 달이 지날수록, 세상을 만나면 만날수록 나도 모르게 말문이 막히고 더욱 모르겠는 것들만 늘어갔으니까. 다만 단순하게 여행만으로 따지자면 세계일주 때의 황홀감이 더욱 컸다는 느낌은 확실하다. 무엇보다 현재 지구상에서 '여행'이라는 형식으로 경험할 수 있는 가장 스케일이 큰 모험이었고 다양한 세계를 폭넓게 볼 수 있었던 최초의 경험이었으니까 말이다.

그렇다고 이번 유럽일주에서 거둬들인 수확이 상대적으로 적었느냐? 천만의 말씀이다. 이번 유럽일주는 광범위한 영역에서의 의미보다는 유럽이라는 문화대륙의 사람들이 공연과 예술 그리고 축제라는 아이콘을 어떻게 생활에 조화시켜가고 있는지, 생생하고 깊이 있게 관찰이 가능했던 의미 있는 시간이었다.

특히 이번 유럽일주에서는 전혀 예상치 못한 의외의 수확도 있었다. 동유럽에서 만난 어느 노령의 메시아가 전해준 내 미래에 대한 예언이었다. 유럽의 주요 축제를 직접 기획하고 현재까지도 컨설팅과 자문을 해주는 한 축제 전문가가 누추한 옷차림으로 유럽의 예술축제를 취재하고 다니던 나를 흑해 인근에서 만나 즐거운 대화를 나눈 뒤 진지하게 남겨준 말이었다.

"너의 도전은 아주 명료한 것이다. 이 일을 계속하는 한, 너에게 은퇴라는 것은 없으니, 끝까지 밀고 나아가라. 내가 그 증거다!"

'이 일을 계속하는 한 은퇴가 없다?'

늘 믿어 의심치 않았지만 곧잘 흔들리곤 했던 내 인생에 대한 고민을 한방에 날려준 절묘한 예언이었다. 내 소신과 목표가 삶 전부를 통째로 가치 있게 만들 것이고, 직업적으로도 비전과 의미가 넘칠 것이니 훗날 정년이 되어도 전혀 아랑곳하지 않을 탄탄한 자산이 될 것이라는 말이었다. 단지 유럽시장을 실질적으로 파악하겠다는 필요에 의해 5년, 10년을 대비하는 장기여행이었을 뿐이었는데, 30년쯤 후에 찾아올 진짜 미래를 위한 확실한 노후대책이었다고 하니, 설사 허언인들 이보다 더 기분 좋은 예언이 또 있을까. 매서운 흑해의 칼바람 속에서도 날아갈 듯 기분이 좋아 나도 모르게 폴짝폴짝 뜀박질을 했던 기억이 난다. 그저 힘겹기만 하던 여행이 명쾌해지고 먹은 것 없이도 흐뭇하게 배가 불러왔다. 가능하면 그냥 여행 말고 조금 긴 출장 같은 여행을 준비해 인생을 대비하려는 생각에 숨은 효력을 나 스스로도 미처 깨닫지 못했던 모양이다. 확실한 노후대책까지 될 수도 있음을 미처 몰랐던 것이다.

여행이 끝난 지금도 은퇴한 유럽의 축제 전문가가 남겨준 이 예언을 내년 활동계획서 맨 앞장에 큼지막이 써 넣고 혼자서 배시시 웃고 있다. 그의 말처럼 미래가 더욱 명료해졌으니 앞으로 해야 할 일들이 기다리고 있을 한국으로 서둘러 가야겠다는 설레임 뿐이다.

이 책의 서두에 수줍게 적어보았던 시의 마지막 구절 '이제는 지나온 과거보다 미래가 더 잘 보입니다'라는 글귀는 아마도 그 무렵 적어두었던 흔적이었던 것 같다. 노력한 만큼 반드시 결과를 얻게 되어 있다는 사실을, 내 미래를 예언해준 그녀에게서 간접적으로 배운 것 같아 좋았다. 실제로 지나온 과거는 언제 무슨 일이 있었는지조차 금세 잊어버리기 일쑤지만, 앞으로 다가올 미래는 어떤 일이 펼쳐질지 충분히 짐작할 수 있으니까 말이다. 지금부터 준비하는 모든 일들이 시간을 두고 하나씩 하나씩 마술처럼 나타날 테니 기쁘게 맞을 준비만 하면 되는 것이 아닌가. 늦기 전에 그다음 일들을 또다시 도모하면 될 테고 말이다. 동유럽의 어딘가에서 이런 황금 같은 예언을 마음 가득히 담아가는 여행. 이만하면 충분히 의미 있는 유럽일주였다고 감히 생각해본다.

유럽일주 중엔 곳곳에서 수없이 많은 친구들을 만나지만, 그래도 역시 여행은 혼자만의 시간을 즐길 수 있는 절호의 기회인 것 같다. 그렇게 혼자 있는 시간 동안 몇 권의 책을 참 감사히 읽었던 기억이 나는데 그 중 특히 기억에 남는 것이 엘리자베스 퀴블러 로

292

스와 데이비드 케슬러가 함께 쓴 《인생수업》이라는 책이었다. 이 책의 중반에 이런 문구가 나온다.

"삶의 마지막 순간에 바다, 하늘, 별, 사랑하는 사람들을 마지막으로 한 번만 더 볼 수 있게 해달라고 기도하지 마라! 지금 그들을 보러 가라!"

시간은 기다려주지 않는다. 이 책의 마지막 구절까지 함께 달려온 사람이라면 부디 지금부터라도 자신이 원하는 그런 삶을 꼭 살아가길 바란다. 꿈에 그리던 여행을 갈지 말지, 자신이 바라던 뭔가를 할지 말지, 몇 년째 고민만 하고 있다면 부디 부딪혀보길 바란다.

어쨌든 후회는 끝까지 망설인 자의 몫이다. 🐘

Photos